U0178983

了不起的
生物学

孙轶飞

著

不止一个达尔文

人民文学出版社　天天出版社

图书在版编目（CIP）数据

不止一个达尔文 / 孙轶飞著. -- 北京：天天出版社，2022.3（2025.2重印）
（了不起的生物学）

ISBN 978-7-5016-1811-8

Ⅰ.①不… Ⅱ.①孙… Ⅲ.①物种进化－普及读物 Ⅳ.①Q111-49

中国版本图书馆CIP数据核字(2022)第014074号

责任编辑：郭 聪　　　　　　　　美术编辑：林 蓓
责任印制：康远超 张 璞

出版发行：天天出版社有限责任公司
地　址：北京市东城区东中街42号　　　　邮编：100027
市场部：010-64169002

印刷：河北博文科技印务有限公司　　经销：全国新华书店等
开本：880×1230　1/32　　　印张：6.5
版次：2022年3月北京第1版　印次：2025年2月第6次印刷
字数：115千字　　　　　　　印数：28,001-31,000 册

书号：978-7-5016-1811-8　　　　　定价：38.00 元

目录 Contents

前面的话：
进化论的进化

　　今天，进化论是人们很熟悉的科学理论。只要提起进化论，我们想起的第一个和这个理论相关的科学家就是达尔文，一般认为，是他提出了进化论。但是，我要告诉你，"达尔文提出进化论"这个说法不够准确，为什么呢？

　　第一个原因很重要，因为"进化论"这个词有可能产生歧义。所谓"进化"，并没有预定好方向，生物并不是一定从"低级"到"高级"。唯一的标准是生物是否能够适应环境，也就是说，能适应环境的物种被保留了下来，不能适应环境的物种则被无情地淘汰掉了。

进化本身没有方向，但"进化"这个汉语词汇隐含了"前进"的意味。因此，"进化"这个词不够准确，在汉语语境里译成"演化"更妥当。不过，毕竟"进化"这个词在中国传播太久、影响太大，早已深入人心，已经和达尔文的观点牢牢地绑在了一起；为了符合我们的阅读习惯，在这本书里仍会使用"进化"这个词，但请你别忘了，这仅仅是为了阅读方便。

第二个原因很有趣，"达尔文"并不是名，而是一个姓。当我们提到"达尔文"的时候，其实包括了所有姓"达尔文"的人，而提出进化论的查尔斯·达尔文只是其中之一。你可能还不知道，达尔文家族人才辈出，颇有成就的不止查尔斯·达尔文一个。当你读完这本书后就会发现，在提出进化论的过程中，还有另外一位"达尔文"同样做出了重要贡献。

实际上，很多科学理论的提出都是众多科学家共同努力的结果，进化论也不例外。科学发现从来不是一件简单的事。在漫长的时间里，一个个惊人的发现需要的是"一群"科学勇士的团结奋战而不是"一位"科学家的单打独斗。因此，在这本书里，你将与十几位伟大的科学家相遇，他们将带你一起探索"进化论"的"进化史"。

第一章 神话时代

我们曾是"神"的宠儿

　　在漫长的人类发展史上，人们一直在不断地求索"人类到底是从哪里来的"这个复杂的问题。在科学出现之前，世界各地的人们都充分发挥了想象力，创造出属于自己的神话，试图解释这个问题，而这些神话有一个共同点：相信人类是被神灵创造出来的。真的是这样吗？

古埃及神话：我是你的一滴泪

　　在我们生活的世界里，生存着不计其数的生物。无论是亚马孙雨林里的参天大树，天山上顽强生长的雪莲，还是奔跑在非洲草原上的羚羊、斑马，这些动人的生命都让这个世界变得更加丰富而美好，它们和我们人类一样，世世代代生活在这个美丽的地球上。

　　当我们看到这些生物的时候，难免会有这样的疑问：它们是从哪里来的？不管怎么看，在外观上它们都是截然不同的，我们也很难想象它们会有共同的起源。

　　而伴随着"生物从何而来"这个问题，另一个问题出现了：我们人类是从哪里来的？今天我们知道，人类也是动物的一种，理应和动物有着相同或类似的起源。但是，对于古代人来说，人类在自然界中具有特殊的地位，因此，在他们的认知里，和"生物从何而来"相比，先了解自己的来历更加重要。

　　为了解答这个问题，来自不同文明的人纷纷插上了想象的翅膀，创造出种种荒诞却有趣的神话故事。尽管他们最初的目的并不是研究生物学，但是对"人类从何而来"这个问题，他们给出了最早的答案。

　　对于这个难以回答的问题，祖先们希望得到一个最简单的答案，于是，他们找到了一种神奇的解答方法——神灵的力量。既然丰富的生物界是我们不能理解的，那么，生物们一定是由我们同样理解不了的神灵创造的，就这样，在世界的各个文明之中几乎都出现了类似的解释。虽然人类的祖先分布在世界各地，但是在思维模式上，他们保持了高度一致。

　　和中国同属四大文明古国的古埃及就用神话的形式讲述了神灵造人的故事。在古埃及神话里，最初的神灵叫作阿图姆，意思是"全部之主"。阿图姆有很多形象，有的时候被画成人形，头上戴着象征权力的冠冕；有的时候会变成蜥蜴、蛇；有的时候是在创世之初从水中浮出地面的第一块土地……按照这种神话传说，世上的一切都是从阿图姆神中分离出来的。

　　阿图姆神创造了一切，包括他自己。在古埃及的咒语里有这样的记载："我的身体在我自己的手上诞生，我就是自我的创造者，正是按照我所希望的样子，创造了我自己。"不得不说，自己创造自己真是太不可思议了！这位不可思议的神还有一只不可思议的眼睛，这位创世神创造出其他早期神灵之后，便派出这只眼睛去照顾他们。离开阿图姆神的身体之后，这只眼睛也化作了一位神灵，有的时候是一头狮子，有的时候是一只猫。后来，阿图姆之眼回到了阿图姆的身边。但这个时候阿图姆之眼惊奇地发现，阿图姆已经有了一只新眼睛，被称为"显赫者"。原来的阿图姆之眼非常生气，气得痛哭流涕，而它流出来的眼泪就变成了人类。

　　虽然在古埃及神话中人类是一种意外的产物，是因为阿图姆之眼的情绪变化产生的，但创世神并没有抛弃人类，还

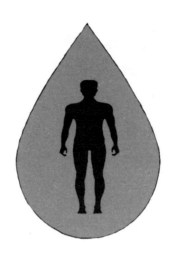

为人类做了几件好事：他给予每个人生命的气息；给予尼罗河丰沛的水源，以保证人类拥有足够的食物；给予每个人平等的地位，还让每个人留存一些关于前世的记忆。

　　尤其是让人类保留了一些关于前世的记忆这件事，对于古埃及人的文化来说极其重要。古埃及人相信来世，他们认为今生所做的一切都是为了在另一个世界重生，只有在此生做好充分的准备，来世才能享受到更好的生活。

　　正是为了人类能够生存下去，阿图姆神创造了植物和动物；也正是为了便于人类的生活，他创造了白天和黑夜。古埃及人认为，当他们哭泣的时候，无论是在白天还是黑夜，阿图姆神都会听到他们的倾诉。

然而，在阿图姆神的眼中，人类只不过是他眼中的一滴泪。

古希腊及中国古代神话：我们都是小·泥人

在欧洲的古典时代，也就是古希腊和古罗马时期，人们同样充分发挥了想象力创造了关于人类起源的故事。

在古希腊神话中，最初的世界混沌一片，被称作"卡俄斯"，今天英语中表示混沌、混乱的单词chaos就源自这个名字。在卡俄斯中诞生了最初的大地女神该亚（Gaea）以及天神乌剌诺斯（Uranus），这两位是古希腊神话中的第一代神灵。该亚与乌剌诺斯生下了泰坦族，这便是第二代神灵。泰坦族中的克洛诺斯（Cronus）与瑞亚（Rhea）结合，生下了宙斯（Zeus）、赫拉（Hera）、波塞冬（Poseidon）等6个孩子，他们是第三代神灵，也是我们今天最熟悉的古希腊神话里众神的名字。

宙斯是第三代神灵的领袖，是希腊神话中最高的天神，被称为"众神之神"。只不过，第三代神灵之所以能够掌权，可不是通过和平交接，而是用激烈的战争方式推翻了泰坦族的统治，因此，他们和泰坦族之间的关系非常紧张。

然而，并不是所有的泰坦族人都与宙斯为敌，其中一位泰坦叫作普罗米修斯（Prometheus），他就是宙斯的朋友。在第二代神灵也就是泰坦族统治世界的时候，普罗米修斯用泥土和清冽的泉水捏出了能在大地上直立行走的生物，这种生物的形象和神灵一样，普罗米修斯给他们起名叫作人类。由于人类的形象来自神灵，所以其他动物都匍匐前行，眼看地面，唯独人类头部高昂，两腿直立。从这样的记载里我们可以清楚地看到，在古希腊和古罗马神话中，人类是以神灵的形象为模板被创造出来的。

此外，在古希腊和古罗马神话中，最早的人类全是男性而没有女性，他们自然只能过着独身生活。不过，这些男性并没有悲伤、劳累和忧愁，还能远离所有的不幸，拥有世间一切美好的东西，因而，他们将自己生活的时代称作"黄金时代"。

不幸的是，普罗米修斯后来惹恼了宙斯，宙斯为了惩罚普罗米修斯和他创造出来的人类，下令用陶土创造了一个女人，并且赋予她生命。每一位神灵都给这个女人一件礼物，于是，这个女人有了名字——潘多拉（Pandora），意思就是"所有的礼物"。

这些礼物被潘多拉放在一个盒子之中，如果她不打开这个魔盒的话，灾难也不会降临人间。但是，神灵给了潘多拉另外一个特点——异常强烈的好奇心，刚降临到人间的时候，潘多拉就迫不及待地打开了盒子，想看看里面到底有些什么东西。就在她打开盒子的一瞬间，里面飞出了绝望、嫉妒、无尽的疾病……在慌乱之中，潘多拉关上了盒子，结果盒子中最后一样东西没有飞出来，它就是希望。潘多拉无意之间释放出来的这些危险的东西，使得人类进入了一个新的时代——白银时代。

白银时代总体来看还是美好的，但比黄金时代差了一些。白银时代的人们不信奉神灵，彼此之间也互相不信任，所以暴力、背叛和渎神的行为非常普遍。天神宙斯对这个时代的人彻底失望，于是把他们从大地上抹去了。

紧接着白银时代的是青铜时代，这是一个充满动荡和战争的时代。在这样的时代里，每一个人都是战士，他们都不肯脱下自己的铠甲。就连古希腊神话中的战神都承认，尽管战争令他高兴，但人间的战火未免太多了。面对这样的惨状，宙斯实在看不下去了，于是他掀起了一场巨大的洪水，准备彻底消灭青铜时代的人类。

普罗米修斯的儿子叫作丢卡利翁（Deucalion），他娶了潘多拉的女儿皮拉（Pyrrha）。在宙斯降下洪水之前，普罗米修斯就告诉自己的儿子要建造一条巨大的船，这样才能逃出去。丢卡利翁和皮拉听取了普罗米修斯的建议，乘坐这条船避开了洪水。当洪水退去的时候，他们驾船停在一座山峰上。此时，宙斯的心情平静下来，于是他向幸存下来的丢卡利翁和皮拉发出了一条神谕：保护好你们的头颅，把你母亲的骸骨扔到你们的身后。听到这样的神谕，丢卡利翁吓坏了，心想自己母亲的尸体怎么可以丢弃呢？

但是，没过多长时间，丢卡利翁和皮拉就想到宙斯的话里肯定暗藏玄机。神谕里所说的"母亲"并不是他们真正的母亲，而是指大地母亲。对于大地母亲来说，地上的石头和土块就是她的骸骨。于是，丢卡利翁和皮拉捡起地上的石头，扔到了身后。这些石头刚一落地，就纷纷变成了人：丢卡利翁扔出的石头变成了男人，皮拉扔出的石头变成了女人。就这样，人类再一次被创造了出来，他们生活的这个时代名为黑铁时代。

这些神话出现在大约公元前7世纪之前，距离今天2700多年了。按照古希腊人的想法，这时的世界已经成熟，甚至开始衰老了。所以，当时没人去猜测黑铁时代结束之后世界又会变成什么样子，因为他们觉得这个问题完全不需要思考，黑铁时代一旦结束，整个世界就要走向毁灭和终结了。

英语受到希腊语的影响很多。正是因为古希腊神话里有泥土造人的故事，所以英语里人类（human）这个单词就跟泥土有关系，hum这个词根代表的正是泥土，而human最开始的意思自然就是泥人了。

有趣的是，在中国古代的神话传说中，人类也是用泥土造出来的，这就是我们非常熟悉的女娲抟土造人的故事。在东汉许慎的《说文解字》里，对女娲的"娲"字有过这样一番解释："娲，古之神圣，育化万物者也。"意思是说，女娲就是化生万物的人。当然，尽管她化生了万物，但最重要的工作就是创造了人。

关于女娲造人的故事有两种不太一样的说法：第一种说法是女娲独立创造了人类，另外一种说法则是女娲和其他神灵共同造人。

在中国的神话传说中，天地开辟之时，这个世界上还没有人类。女娲拿起黄土捏成了人，当她捏了很多人之后，感到非常疲惫。为了能让自己造人的效率更高一些，女娲先把绳子放在黄泥中，再把绳子拿出来不停地甩动，这样，绳子上的黄泥飞溅就形成了无数的泥点，这些泥点变成了人。根据这个神话的描述可以推断，人和人之间有很大的不同。有

些人是女娲亲手捏出来的，他们就是地位尊贵的贵族；有些人是从绳子上甩下来的黄泥变成的，他们就是地位低下的穷苦人。很明显，这种说法让穷苦的百姓认为自己天生卑微，在中国古代的阶级社会里，这样的传说显然有利于统治者的统治。

在另一个版本的传说里，女娲并不是单打独斗，而是和黄帝为代表的其他神灵一起合作，共同创造出了人类。

尽管这些关于人类从何而来的传奇故事各不相同，但是无论是西方还是东方，在神话层面的认知中，人类是由上古神灵用泥土创造而成的这一点却是相通甚至相同的。

创世神话：我们和神一个样

在基督教的相关记载中，人类和世间万物被创造的故事更为清晰。

上帝用六天的时间创造了天地、白天、黑夜、空气、陆地、海洋、太阳、月亮、青草、蔬菜、野兽、昆虫、牲畜等，定下日子、年岁、节令等秩序，还按照自己的形象创造出了人类，并且让人类管理世界上的一切生物，包括海里的鱼、空中的鸟、地上的牲畜……上帝还赐予人类丰盛的菜蔬和一切结核的果子作为食物。经过六天的创造之后，上帝决定在第七天休息。也就是说，上帝一共用了七天时间创造了整个世界以及世间万物，并且给这个世界规定秩序。

上帝创造的第一个人叫作亚当，他用地上的尘土创造了亚当，并且向他的鼻孔中吹了一口气，这个泥人便被赋予了生命。为了让亚当有地方住，上帝在东方建了一个名叫伊甸园的地方，亚当就在这里生活。

这个时候上帝干了一件非常有意思的事，他把各式各样的飞禽走兽带到了亚当的面前，让亚当给这些东西起名字，实际上就等于给生物分了类。不过，这毕竟只是神话传说，亚当对生物的分类是相当随意的。不管怎么说，当生物学家提到物种命名和分类的时候，经常会提到亚当是最早的生物学家，可见，早在神话时代，生物分类学就已经有了萌芽和雏形，虽然这和现代生物学的分类体系存在着巨大的差别。

上帝认为亚当自己孤零零地生活在伊甸园里很寂寞，于是，他让亚当陷入了沉睡，然后取出了亚当的一根肋骨，创造了夏娃，她就是第二个人。后来，亚当和夏娃结为夫妻。

此时的亚当和夏娃生活在伊甸园里，无忧无虑。但是，一条狡猾的毒蛇欺骗了夏娃，谎称上帝告诉他们伊甸园里有一棵树非常特殊，上面的果子不能吃，不然后果非常严重。不过，如果他们吃了那颗果子，眼睛会变得更加明亮，而且他们可以像神一样，能分辨善恶。夏娃受到了欺骗，摘下树上的果子吃掉了。她不光自己吃，让亚当也一起吃了这棵树上的果子。从此以后，他们不再像最初那样懵懵懂懂，开始意识到赤身裸体是一件羞耻的事情。这件事触怒了上帝，因为亚当和夏娃违背了他的命令。

于是，上帝将这两位人类的始祖驱逐出了伊甸园，从此要在世间经历各种苦难。在将他们赶出伊甸园的时候，上帝提到了亚当的来历，他对亚当说："你必汗流满面才得糊口，直到你归了土，因为你是从土而出的。你本是尘土，仍要归于尘土。"走出伊甸园之后，亚当和夏娃生儿育女，他们的后代便是人类。

我们可以看到，在人类早期文明之中有各式各样的神创论，目的都是解释人类的起源，其中，在西方社会中影响力最大的就是来自基督教的神话。在欧洲历史上，曾经有一段时期叫作中世纪，时间长达1000年。在这个时期里，基督

教统治了欧洲人的精神世界,《圣经》中记载的故事被人们当作不可动摇的真理,因而上帝创造人类的故事成了当时最权威的说法。

尽管创世神话不同,但总有着相似的元素:共性之一是神灵创造了人类;共性之二是人类是按照神灵的形象创造的;共性之三是人类往往是被用泥土创造出来的,这也反映出早期的人类对土地的深厚感情。

现在我们来思考一个有趣的问题:当我们在讨论进化论的时候,为什么一定要从神创论开始?其实,神创论中隐含了一个观点,那就是物种本身是不会变化的,所有的物种都是由神灵创造的。如果在漫长的历史中,这些物种发生了变化,从而产生了新的物种,那么,这个新的物种当然不是由神灵创造的,这就和神创论的最初设定产生了冲突。

也就是说,关于神创论的最简单解释是"不变"两个字,而随着人类认识的逐渐深入,随着科学的不断发展,人类渐渐开始思考一个问题:万事万物包括我们自己,究竟是不是可以发生变化的呢?

第二章　16—17 世纪

虽然不知道答案，

但我们提出了问题

康拉德·格斯纳〈Conrad Gesner, 1516—1565〉
扬·斯瓦默丹〈Jan Swammerdam, 1637—1680〉

　　如果人类和其他一切生物都是神灵创造的，那么，他们理应不发生变化。不过，在16、17世纪，科学家们开始怀疑并试图进一步思考这个问题：生物到底会不会发生变化？格斯纳提出了问题，但是没有进行深入的研究；斯瓦默丹认为生物的结构就像套娃，生物的秘密被一层层隐藏了起来。这个问题的答案究竟是怎样的呢？

格斯纳的猜想：神奇动物在哪里

　　时间来到了16世纪，一位瑞士科学家开始深入思考这个问题：生物是否可以发生改变？他的名字叫作康拉德·格斯纳。

　　格斯纳家境贫寒，在他出生后不久，父母就相继去世了，格斯纳是被叔叔养大的。在那个时代，只有有钱人家的孩子才能读书并有机会成为一名学者，像格斯纳这种家庭背景的孩子，长大后基本没有希望进入学术领域。

但是，这个穷孩子无比热爱科学，居然凭着自己的努力攒钱进入大学学习。更厉害的是，格斯纳不但顺利读完了大学，还留在学校成为一名希腊语教授，当时他只有21岁。

一开始，格斯纳研究的是与古典时代科学相关的那些著作和手稿。他足足花了5年时间才把古典时代那些重要的书籍和作品中的科学部分整理了一遍，并且编成了一份目录。如今看来，这份整理工作很了不起，只不过格斯纳本人对这样的工作感到不耐烦，最终决定改行。

1541年，格斯纳不再研究古代文献，转行成为医生和博物学家。他转行的时间非常巧，因为就在两年之后的1543年，两本重量级的著作面世，它们是哥白尼的《天球运行论》和安德烈·维萨里的《人体的构造》。

尽管格斯纳和维萨里只差3岁，但是格斯纳的家庭条件比维萨里差太多了。就算格斯纳已经成为大学教授，他的收入还是很低，甚至常年吃不饱饭，导致他的身体情况非常差。

在如此艰苦的条件下，格斯纳依然无所畏惧、毫不退缩。为了收集标本，尽可能地了解大自然的秘密，他走遍了意大利、法国等地。

在科学考察过程中，几乎所有博物学家都要收集标本，所以他们的行李里总是装有很多瓶瓶罐罐以及其他收集标本的器材。格斯纳不仅带了这些东西，还总是随身携带书籍，他利用每分每秒学习各个领域的知识。

就这样，格斯纳一边进行科学考察，一边学习新的语言，收获了累累硕果。他在旅行途中学会了法语、英语和意大利语，甚至还学了几种东方国家的语言；加上他在大学里学过的拉丁语、希腊语和希伯来语；哦，别忘了格斯纳是瑞

士人，母语是德语，他基本掌握了十几种语言。

凭借超群的语言天赋，格斯纳基本能看懂当时所有的书籍，哪怕用今天的眼光来看，他也是个极其博学的人，更何况是在几百年前的16世纪。只不过，对于格斯纳而言，他学语言是为了了解更多的生物学知识。

格斯纳有一个宏伟的计划，他要收集尽可能多的标本，通过对这些标本的研究去发现生物的规律，进而给生物分类，这样就可以给生物学创造秩序。

利用自己的语言优势，格斯纳几乎把两千多年来所有的动物知识都进行了整理，并且把这些知识写成了一部《动物史》。这部书非常重要，因为当时很多科学家都在努力发现生物学领域的新知识，但是他们的工作还停留在比较基础的层面上，还没有生物学家完成给各种生物起名字这项尤为关键的工作。毕竟给生物命名是非常严肃且有难度的，生物学家来自各个国家，他们在给生物命名的时候，往往会按照自己的想法进行。这样一来，很可能出现同一个生物有好几个不同名字的混乱状况，各国的生物学家们交流起来就非常困难。

要知道，进化论讨论的是不同的物种如何演化形成的，在研究进化论之前，首先要把人类认识的所有生物都分门别类、排布整齐，这样才能去研究它们之间有什么联系和区别。也就是说，生物分类学是研究进化论的基础。

为了解决这个问题，格斯纳在创作《动物史》的时候，把每一种动物的不同名字通通收集在一起，然后全部写在了自己的书里。这项工作是开创性的，可以说是在生物分类学领域迈出的第一步。

以我们今天的标准来看，格斯纳的分类方法缺乏科学性，因为他只是将动物按照名字首字母的顺序进行排列，而没有深入考虑到它们自身的特点，并不符合动物界的自然体系。但是，在他生活的 16 世纪，这已经是非常了不起的成就了。在之后的 200 多年时间里，每一位生物学家都要以格斯纳这部长达 4500 页的《动物史》为参照进行接下来的研究。

简单地说，格斯纳在生物分类学领域开了先河。那么，在"生物是否会发生变化"这个问题上，格斯纳有什么发现呢？请听下面的故事。

有一天，格斯纳接待了一位非常有趣的客人，这位客人给格斯纳讲了一个关于英国植物学家约翰·杰拉德的故事。虽然这个故事里有许多杜撰的成分，但是听起来既有趣又新颖，深深吸引了格斯纳。

在杰拉德的故事里，有一种神奇的生物叫作藤壶鹅。传说大海里的碎木头会被海浪冲到陆地和小岛上，在这些木头上会长出一种神奇的鹅。一开始，这种鹅的样子就像一滴松脂，就是松树滴下来的汁液。为了保护自己，它用嘴巴咬住树枝，把自己固定在树上，然后，藤壶鹅的身体里会分泌出一种特殊的物质，在它的身上形成一层坚硬的外壳。有了这层外壳的保护，藤壶鹅就可以安全地生长。等到藤壶鹅长大以后，它们的身上会长出羽毛，变得和其他鸟类没有什么区别。这个时候，它们就会钻出自己的硬壳跳到水里，像水鸟一样，不但可以在水里游泳，还能展开翅膀飞向远方。

客人绘声绘色地把这个故事讲给格斯纳听，信誓旦旦地声称这个故事千真万确并且自己亲眼见过故事中的场景。他还说，这些藤壶鹅既不会下蛋，也不会孵蛋，所以没人发现过这种奇特生物的窝。

不过，这个故事确实是在胡说，所谓的"藤壶鹅"实际上是两种动物。一种叫作茗荷，它们寄生在海里的贝壳或者螃蟹身上，这种甲壳类动物当然不会变成鹅；而约翰·杰拉德看见的"鹅"，其实是一种野生黑雁。这种鸟类会进行远距离迁徙，所以当时的生物学家不清楚它们从哪里来，也不知道它们到哪里去，更不知道它们会在什么地方下蛋、孵蛋。

茗荷和黑雁本来是八竿子打不着的两种生物，但是在约翰·杰拉德的想象里，它们被结合到了一起，创造出了藤壶鹅这种本来不存在的神奇生物，人们以讹传讹，信以为真。不过，这种神奇的生物无意间引发了一个有趣的思考。

根据传说，藤壶鹅是从一种动物变成了另外一种动物。如果按照当时人们的思维教条地理解《圣经》里的故事，即所有生物都是上帝创造的且不应该有任何变化，那么，藤壶鹅这个物种的出现显然违背了"造物论"。换一个角度讲，如果当初上帝创造出这种神奇生物的时候，就给予了它变化的能力，似乎也说得过去。不过，总的说来，根据16世纪的科学知识，人们还解释不了这个问题。

值得关注的是，格斯纳记载了这个故事，并把"生物是否能发生变化"这个问题摆在了人们的面前，虽然以我们今天的科学知识来看，这些和生物学以及进化论的观点一点关系都没有。不过，只要出现了值得思考的问题，就总会有人去解答。就这样，通向进化论的道路上，出现了一丝曙光。

斯瓦默丹的理论：充满"套娃"的世界

果然，到了17世纪，有一位科学家开始深入思考"生物是否能发生变化"这个问题。虽然他想到的"变化"和"进化"所研究的变化并不相同，但至少这个问题已经很明确地摆在了科学家的眼前。这位科学家是来自荷兰的扬·斯瓦默丹。

斯瓦默丹的父亲是一名药剂师，也是一位业余博物学家。当时荷兰的航海业非常发达，那些远渡重洋的商船把来自世界各地的小东西带回了荷兰。因为有了这些便利条件，斯瓦默丹的父亲收集了很多标本，比如矿石、硬币、昆虫……

斯瓦默丹小时候就帮助父亲照料和整理这些珍贵的收藏品，这样的经历让斯瓦默丹从小就对大自然产生了浓厚的兴趣，还影响了他对专业的选择。虽然父亲希望他能学习神学，将来成为一名牧师，但是，斯瓦默丹选择了医学，并且进入了荷兰的莱顿大学。

莱顿大学非同一般，这所大学的建立非常值得一提。在

16世纪上半叶，荷兰沦为西班牙的殖民地，也正是在这个时期，荷兰人对西班牙人蛮横的统治十分不满，开始奋起反抗。1574年，当时统治荷兰的威廉王子决定奖励英勇奋战的莱顿人民，据说他给了莱顿人民两个选择：一是免除赋税；二是建立一所大学。听到这个消息，莱顿人民很高兴，经过认真思考，他们决定建立一所大学，因为免税政策日后可能会有变化，而大学却能在这里长久地留存。更重要的是，大学能带来知识，知识比什么都宝贵。就这样，莱顿大学建立起来了，随着荷兰的独立，这所大学发展得非常迅速。特别是在17世纪，它成为欧洲最好的大学之一，尤其是医学教育领域，堪称当时欧洲的最高水平。直到今天，莱顿大学依然是世界一流的大学。

就是在这所大学笑傲欧洲的时候，斯瓦默丹来到这里开始了自己的医学生涯，这一年是1661年。有了这么高的起点，斯瓦默丹学医的过程一路顺风，还去法国留学了一段时间，最终他顺利地成为一位医学博士。

在学医的过程中，斯瓦默丹开始接触当时最先进的科学技术。那时，荷兰最有科技含量的科学设备是显微镜，斯瓦默丹很早就使用了这种先进设备，他利用显微镜发现了红细胞，并且是最早发现红细胞的人。

　　你可能会想到，荷兰还有另外一位使用显微镜的大师，他就是生活在代尔夫特的列文虎克。列文虎克也发现了红细胞，而且发现了许多其他细胞和微生物，并因此在欧洲享有很高的声誉。不过，斯瓦默丹的确是比列文虎克发现红细胞还早的人。

　　除了发现红细胞之外，斯瓦默丹对昆虫也非常感兴趣，恰恰是在研究昆虫的过程中，斯瓦默丹开始思考"生物是否能发生变化"这个问题。

　　我们都知道，很多生物在生长过程中存在"变态发育"，这些生物的形态和习性都发生了根本的改变。比如蝌蚪变成青蛙，就是变态发育；还有我们熟悉的蚕，从比芝麻还小的卵变成了白胖的虫子，之后它们把自己包裹在厚厚的茧里，当它们再次和我们见面的时候，就已经长出翅膀变成飞蛾，再也看不到之前蚕卵的一丝痕迹。在斯瓦默丹的认识里，这个过程就是生物在发生变化。

　　说到这里，我们已经想到，斯瓦默丹观察到的是生物的发育过程，是在同一个生物个体上发生的变化；而日后达尔文提出的进化论，则是在讲一个物种发生的非常缓慢的变化。两者完全不是一回事，不过，至少生物能不能变化这个问题被提了出来，并且有科学家对此展开了相关的研究。

　　那么，斯瓦默丹得出了怎样的结论呢？他的观点会和《圣经》故事中所描述的"生物不可变"发生冲突吗？关于昆虫发育的问题，斯瓦默丹提出了一个很有意思的解释——我们可以打个比方，他把昆虫看成了类似套娃的东西。

　　套娃是俄罗斯的传统工艺品，从外面看是个圆柱形的娃娃，其实里面还有好几个空心的木头娃娃一个个套在一起。俄罗斯套娃出现在20世纪晚期，比斯瓦默丹生活的年代晚了好几百年，他当然不会用这样的比喻，只不过，从今天的眼光看来，用套娃这个形象的比喻形容他的理论再合适不过了。

　　在斯瓦默丹的观念里，所有的生物都按照相同的规律发育。生物的本质一直藏在它们的身体里，所谓发育，就是让这些本质逐渐显现出来。比如蚕的发育过程，虽然一开始是个卵，但是白胖虫子的形态和飞蛾的形态其实早就藏在卵里面了，只是随着蚕的发育，这些隐藏的形态才逐渐显露出来。如果真是这样的话，蚕在发育的过程中根本就没有发生任何变化，它一生中的每个阶段从一开始就准备好了，发育的过程并没有产生新东西，也没有新的形态变化，只不过是把准备好的东西展现出来而已。

　　斯瓦默丹提出这个理论之后，他自己非常满意，并且写

了一本书——《自然圣经》。很显然，他自认为这部作品意
义重大，甚至认为他的大作在自然科学领域将取代《圣经》。
但是，没过多长时间，他就对自己的狂妄感到悔恨，渐渐意
识到昆虫的发育过程其实很复杂，开始觉得这一切一定是一
位高超的设计师的作品。没错，而这位设计师就是上帝。

说到这里我们已经知道，斯瓦默丹确实观察到了"生物
的变化"，但事实上他发现的这种变化只是生物的发育过程，
而不是这个物种产生的变化，而且他并没有从根本上挑战
《圣经》故事中关于神创论的观点。

斯瓦默丹在世时，他的《自然圣经》并没有出版发行。他去世之后，这部书稿几经辗转，终于在1735年落到了荷兰著名医生和植物学家布尔哈夫的手里。

布尔哈夫是当时欧洲最著名、最具影响力的医生，他的影响范围甚至到达了中国。据说，当时一位中国学者曾经给布尔哈夫写了一封信，由于那时的中国人完全不了解欧洲，所以这位中国学者在信封上简单地写下了"欧洲的布尔哈夫先生收"。要知道，"布尔哈夫"是个姓，信封上这么写，就相当于"中国的王先生收"，这样的信怎么可能寄到收信人的手里呢？神奇的是，这封信还真被布尔哈夫收到了。这个故事充分说明布尔哈夫在当时的欧洲影响力之大，人们只要提到他的姓氏，就知道一定是这位伟大的荷兰教授。

斯瓦默丹的书稿能够落到布尔哈夫的手里，这是他的幸运。依靠布尔哈夫的影响力，欧洲的科学家们才知道斯瓦默丹在关于"生物是否存在变化"这个问题上已经向前迈出了一步，他的理论才能不断启发后来的生物学家。

遗憾的是，斯瓦默丹虽然比列文虎克小5岁，但是远不如列文虎克长寿。列文虎克91岁辞世，而斯瓦默丹在43岁时就英年早逝了。不得不说，有时候，长寿也是成为伟大科学家的必要条件！

第三章　18 世纪

生物是可变的

布封〈Georges-Louis Leclerc, Comte de Buffon，1707—1788〉

阿法纳西·阿法库莫维奇·卡维尔兹涅夫

〈Афанасий Аввакумович Каверзнев，1748—? 〉

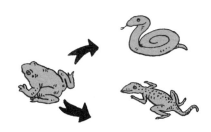

在18世纪，科学家们正式开始思考生物到底会不会发生变化的问题。法国科学家布封创作了《自然史》，在这部巨作中，布封尽其所能把他知道的所有生物都记录了下来。布封很明确地指出，生物确实会发生变化。俄国的科学家卡维尔兹涅夫对此解释得更清楚，他认为，所有的动物都有着共同的祖先，人类也是动物的一种，可能是猴子的远房亲戚。这又是怎么回事呢？

布封的理想：我要写下整个世界

公元前27年，罗马进入帝国时代，当时欧洲大部分地区都属于罗马帝国，不过此时基督教在罗马还没有什么影响力。渐渐地，经过4个世纪的发展，基督教成长为罗马帝国最有势力的教派，并且在公元392年正式成为罗马的国教。

罗马帝国灭亡后，基督教却顽强地存活下来，继续统治着欧洲人的精神世界，这种情况持续了一千多年。在这段时间里，大多数欧洲人坚定地认为《圣经》里的字句是神圣不可动摇的真理；关于"生物从何而来"这个问题，"上帝造物"就成了唯一的答案。尽管有一些科学家对《圣经》并非百分百地笃信，尝试提出了生物可以变化的想法，但总的来说，这些努力并没有什么效果，难以撼动基督教此时巨大的影响力。

直到18世纪，法国出现了一位著名科学家布封，你对这个名字肯定不陌生，在小学语文课上你一定读过他撰写的文章，比如那篇很经典的动物散文《松鼠》。不过，你可能不知道，从他开始，科学界才真正开始深入思考"生物从何而来"这个问题，也终于在通向进化论的道路上迈出了坚实的第一步。尽管他没能更进一步地探讨这个问题，但是在当时的环境里，能够向权威提出强有力的质疑已经是难能可贵了。

布封的本名是乔治·路易·勒克莱克，年轻时他的英语水平并不高，可偏偏要到英国生活一段时间。为了学习英语，布封决定翻译一部英文著作，而他选定的翻译对象正是伟大的艾萨克·牛顿爵士的作品。我们都知道，牛顿是一位百科全书式的伟大科学家，在数学、物理、天文学等多个领域均取得了巨大的成就。也就是说，布封要翻译他的作品，首先自己得了解足够多的科学知识，不然连书的内容都看不懂，还谈什么翻译呢？就这样，在翻译牛顿作品的过程中，布封掌握了丰富的数学和物理学方面的知识，可能连他自己也没想到，本来仅仅是为了学英语，却引领他打开了自然科学这扇大门。

回到法国之后，布封继承了一大笔家族遗产。凭借着这笔丰厚的财产，他无忧无虑地从事起了科学研究。他的研究范围非常广泛，包括数学、物理，甚至还有农业经济方面的内容。为了把自己的发现公布出来，布封写了一篇又一篇文章，然后统统寄给了巴黎科学院。这样的努力很快就收获了丰硕的成果，在26岁的时候，布封就被选为巴黎科学院的通讯院士。不过，既然布封的兴趣这么广泛，他是怎么决定成为一名生物学家的呢？

布封有位好朋友名叫杜菲，他是皇家花园（今天的巴黎植物园）的管理员。一般来说，法国皇家花园的管理员都是由国王的御医担任的，当御医上了年纪不再适合继续当御医的时候，国王就任命他们为皇家花园的管理员，担任这个闲职以养老。布封的这位朋友杜菲非常喜欢植物学，勤勤恳恳地在花园里工作，是真的想把植物学当成一项事业来做。不过，杜菲后来得了一场重病，实在不能承担这项工作了，只能找一个可靠的接班人把这份工作延续下去。可布封还不能完全满足条件，毕竟他不是国王的御医。巧的是，这个时候担任国王御医的人员都比较年轻，没人想来担任这个职务。于是，在杜菲的举荐下，布封欣然接受了这份工作。就这样，布封在1739年正式成为皇家植物园的管理员。从担任这个职务的那一刻起，布封就决定要在这里干出一番事业，成为一位真正的生物学家。

我们已经知道，布封对自然科学兴趣浓厚且涉猎广泛，所以他很了解那些著名生物学家的贡献，比如斯瓦默丹、格斯纳和威廉·哈维，都是布封学习的对象。上任后没多长时间，布封就决定要把格斯纳的生物学理论研究继续下去，不过，问题来了，别看布封管理的是植物园，可他其实不怎么喜欢植物。幸亏生物学的研究方向十分宽泛，布封还有动物可以研究，于是，他决定从动物入手，进而探究整个自然界的秘密。他为自己设定了一个相当宏大的计划，那就是创作一部名为《自然史》的巨著，要把自然科学的知识统统写进去。从动物开始研究的确是个很好的方向，不过布封有一个"致命"的缺点：耐心不足。要知道，动物研究要进行大量的解剖和实验，才能了解动物身体的结构。但是，布封一来不喜欢这种琐碎的、重复性很强的劳动；二来他不懂解剖学，甚至可以说根本就不喜欢解剖学。好在布封可以找助手，这样一来，助手进行解剖和实验，布封进行总结和写作，这样的分工就非常合理了。

很幸运，布封找到了一位特别优秀的助手——路易・让・马利・杜班通，他是个医生兼解剖学家，有了他的帮助，布封的研究工作才得以顺利地开展。两个人的合作非常愉快，布封视野开阔、善于写作；杜班通精通解剖学知识、动手能力很强，在长达18年的合作中，他们终于完成了《自然史》的前15卷，这15卷的内容主要是关于哺乳动物的。

这部书有一个非常显著的特点：内容丰富。这一点布封做到了前无古人，他的著作里列举的动物种类已经远远超过了自己的偶像格斯纳。不过，布封也有逊色于格斯纳的地方，格斯纳至少把他记录的各种生物按照字母顺序进行了排序；而布封完全没有对生物进行有效的分类。他的方法非常简单粗暴，就是先写家养动物，再写野生动物。至于野生动物，布封就是按照地理分布的顺序写的，跟生物的特性一点关系都没有。

但是，布封的书有一个非常大的优点，那就是好看。布封认为，不论自己的知识多么渊博，如果传递这些知识的书籍没人看的话，那就一点价值都没有。所以，他特别注意写作的技巧，尽量用优美的语言书写流畅的文章，这样就可以吸引更多的人了解并喜爱科学。这也是为什么直到今天，他的文章还能出现在课本里，作为我们了解自然科学重要窗口的原因。

在创作《自然史》的几十年时间里，布封的名气越来越大，但他并没有停下自己研究的脚步。在《自然史》里，布封已经对大量的动物进行了描写，但他认为这还远远不够，既然自己对动物了如指掌，理所应当在这个基础上继续往前走一步，去研究一下地球和地球上的生物是怎么来的。

在思考"生物从何而来"这个问题的时候，布封想到了一件有趣的事情：在很多高山的山顶上，都能找到贝壳的化石。可这些贝壳本应该生存在海里，为什么它们会出现在山顶上呢？难道这些山也曾经在海底吗？如果海底能够升高变成山峰，那么，地球岂不是发生了变化？

布封带着科学的态度和无限的好奇心提出了一系列问

题，虽然他没有确凿的证据，但是他相信在神奇的自然界里什么都有可能发生！在今天看来，布封的猜测都是正确的，哪怕是地球这样的"庞然大物"，也在不停地发生着运动和变化。

但是，在18世纪的法国，人们还完全接受不了布封的思想，他们认为布封简直是异想天开。尤其是当时最著名的学者、启蒙运动的代表人物伏尔泰，他迫不及待地跳了出来，对布封的观点大加批判。伏尔泰认为布封的想法都是无稽之谈，于是，对布封和他的《自然史》进行了一番挖苦。布封当然也不示弱，两个人就这样展开了一场大争论。要知道，这两个人都特别会写文章，讽刺挖苦对方的水平相当高超，这番你来我往的论战非常精彩。有意思的是，两个人吵架归吵架，吵了一段时间后，两人都发现对方学识渊博，值得尊敬。这场论战的结果居然是不打不相识的两个人成为志同道合的朋友，开始互相夸奖起来。这样的结局堪称科学史上的一段佳话。

就这样，布封又写下了两部非常精彩的作品，研究了地球和地球上千姿百态的生物，分别叫《地球史》和《自然的时期》。在《地球史》这部作品里，布封提出了一个很重要的观点，他认为地球并不是永恒不变的，地球的历史可以分成7个时期，每个时期地球都发生了一些变化。在第一个时期里，太阳分裂出了几个小部分，变成了地球和其他行星；第二个时期，地球的物质开始分裂，形成了最初的大气层，后来地球慢慢冷却、硬化，形成了山脉；第三个时期，整个地球都沉没在海底；第四个时期，陆地从水中浮了上来，但全世界只有一块大陆；第五个时期，在这块最早的大陆上生活着许多的生物；在第六个时期，大陆分裂开来，动物也被迫分开。这就解释了为什么不同的大陆上生活着很多相似的物种；而在最后一个，也就是第七个时期，地球上出现了人类。

虽然当时的地质学还很不成熟，布封也不是地质学家，但是他提出的"地球会发生变化"这个观点极其重要，给后来的学者们指明了方向。以我们今天的知识看，布封的学说不够完美，甚至很多具体内容是错的，但我们也不得不承认，布封认为"改变可以发生"这个观点是具有开创意义的。

《地球史》这部著作出版以后，布封的这些观点很快引起了轩然大波。当时，巴黎有一个特别权威的神学院，叫作索邦神学院。这个神学院的教授听说了布封的观点，认为他是极为邪恶的异端，是绝对不能容忍的。经过激烈的讨论，这些神学家决定把布封的书统统烧掉。

布封非常清楚，在当时的情况之下，跟教会唱反调是没有好下场的，于是，他采取了友好的态度。布封非常耐心且恭敬地向索邦神学院的专家们进行了充分的解释，他说自己并没有违背《圣经》的内容，他的推论和上帝造物的顺序是一样的，人类是出现在动物之后的。听到了他这样巧妙的辩解，神学家们觉得布封的态度十分谦卑，更何况布封伯爵德高望重，连国王都十分敬重他。如果把这样一个人送进监狱，实在是说不过去。就这样，布封顺利地避开了这场风波，他的事业也将由后来者继续完成。

卡维尔兹涅夫的结论：长得像就是亲戚

我们已经知道，布封认为地球曾经有七个时期，在第五个时期的时候，地球上出现了各种生物。那么，问题来了：地球上的这些生物是从哪儿来的呢？

布封进行了一番推测。他认为，我们的世界是由有机分子和无机分子两种分子组成的。需要特别注意的是，布封虽然用了"分子"这个词，但他所说的"分子"和今天我们在化学课上学到的"分子"完全不是一回事，布封所说的分子只不过是一种他想象中的、肉眼看不见的小颗粒。

布封认为，不管是动物还是植物，都是由这些小颗粒分子按照不同的比例和形式组合起来的。生物虽然会死亡，这些分子却是永生不灭的。所谓死亡，只不过是让这些分子的组合分散，当条件合适的时候，它们还能重新组合起来，形成其他生命体。

既然这些分子会不断地进行排列组合，那么，在这个过程中，生物也在发生变化。沿着这个思路继续思考，就会提出新的问题：这些分子在变化的过程中，究竟是靠着什么力量推动的呢？更重要的是，既然生物会发生变化，这些变化的程度有多大呢？如果变化足够大的话，会不会出现新的物种呢？

经过长时间的思考，布封终于在这一系列问题里提出了那个长久以来困扰生物学家们的问题：生物到底可不可以发生变化？可以说，他已经朝着进化论迈出了关键性的一步。遗憾的是，他最终没能回答这个问题，通往进化论的道路还需要其他人继续走下去。

为什么很多动物看起来有些相似呢？比如猫、狮子、老虎和豹子之间有相似之处，它们之间是不是存在血缘关系呢？有没有这样一种可能，当初上帝创造它们的时候是按照同一张图纸，然后将每种生物做了小幅度的修改？布封对这些问题思考了很久，始终想不明白。直到有一天，他无意间看到了一本只有24页的书，书名叫《论动物的变化》，看完这本书之后，布封茅塞顿开，觉得自己找到了答案。

这本书是用德文写成的，不过它的作者是俄国人，名叫阿法纳西·阿法库莫维奇·卡维尔兹涅夫。他的故事要从1765年说起。当时的沙皇是叶卡捷琳娜二世，她下令成立一个自由经济协会，这是俄国的第一个科学协会。这个协会的名字里有"经济"两个字，说明这个协会虽然是从事科

学研究的，但目的是促进国家的经济发展。要知道，彼时俄国素有养蜜蜂的传统，怎么学习和利用先进的生物学知识把蜜蜂养得更好对那里的人来说非常重要。自由经济协会为了解决养蜜蜂的问题，决定派几个年轻人到国外去学习，卡维尔兹涅夫就是这样被幸运地选中了。卡维尔兹涅夫果然不负众望，不但成绩优良，而且很有语言天赋，精通德语和拉丁语，是去德国学习的最佳人选。

于是，在1772年，卡维尔兹涅夫到了德国，他一边学习新知识一边做翻译，把当时德国与先进的养蜂技术相关的书籍翻译成了俄语。卡维尔兹涅夫在德国学习这段时间身心愉悦，还想在这里多学些本领再回去，就多住了一段时间。1775年，他写了一本专著《论动物的变化》。在这本书里，卡维尔兹涅夫写道，动物是可以变化的，而这种"变化"的特性在家养的动物身上最容易观察到。比如，家养的绵羊和野生的山羊虽然很像，但是不管是身体构造还是生活习惯都有着很大的区别；而在不同的地方，尽管都是家养的羊也有区别，例如毛皮、体型都不一样。也就是说，这些羊在被饲养的过程中发生了变化。不光是家养动物，野生动物也会发生变化，气候和食物是导致变化产生的因素。如果这些变化足够大，就会产生新的物种。卡维尔兹涅夫非常明确地指出，外界的变化可以导致物种的变化。如果进一步思考，就会得出这样一个结论：相似的动物就是近亲。

最终，卡维尔兹涅夫总结出这样的规律：所有的动物都起源于同一个祖先，虽然不同物种在外部看起来差别很大，但是它们的内部结构往往非常相似。简单地说，卡维尔兹涅夫已经告诉大家，动物之间存在着血缘关系，有着共同的起源。在之前的无数年里，人们认为自己生而为人便是天之骄子，是神灵的宠儿。但是，卡维尔兹涅夫认为，我们人类没什么特殊的，只不过是猴子的亲戚而已。

尽管他没有白纸黑字地写下"所有的动物都源自一个共同的祖先，人类也不例外"这样确凿的字句，但在这本只有24页的书里，他已经把这个观点表达得非常清楚了。只要看过这本书的人都能够明白他的意思，布封也不例外。毫不夸张地说，卡维尔兹涅夫不但启发了布封，而且他本人距离进化论只有一步之遥了。遗憾的是，他毕竟不是专业的生物学家，他所掌握的自然科学知识还不够丰富；更遗憾的是，他的寿命太短了，没有足够的时间去弥补自己的这块短板，为科学事业继续做更多、更惊人的贡献。

不管怎么说，在布封和卡维尔兹涅夫生活的18世纪，进化论的雏形已经出现了。尽管这两位科学家的进化论思想没有得到广泛传播，但是，他们对科学界的贡献不会被磨灭，理应被我们铭记在心。

第四章　18 世纪

我给生物界制定规矩

卡尔·林奈（Carl von Linné，1707—1778）

想要知道不同物种之间的关系，先要把全世界的生物分门别类，这样才能给所有生物建立一个完整的体系。有了这个体系，能够更好地比较不同物种之间的差异。很多科学家努力想要建立类似的体系，但是他们的成果都不够成熟。18世纪，瑞典科学家林奈终于完成了这项工作，不管是他建立的体系，还是他发明的给生物命名的方法，都一直沿用到今天。可以说，正是这位科学界的幸运儿给生物学研究定下了最基本的规矩。

林奈的荣耀：科学界的宠儿

在我们回望科学发展历程的时候，不仅会为每一次进步感到自豪，还可以发掘很多从前我们不知道的关于科学家们的有趣故事。

比如，前面我们说过，布封的著作发表之后遭到了很多质疑，他的"劲敌"不仅有法国伟大的思想家伏尔泰，还有索邦神学院的神学家们。其实，还有一位伟大的科学家对他提出的"生物是可变的"这一观点深恶痛绝，并且进行了最激烈的反对。这位科学家坚信《圣经》的记载才是正确的，所有的物种都不会发生任何改变。更有意思的是，这位科学家虽然反对"进化论"，却偏偏为进化论的真正提出铺平了道路。他就是和布封爵士同年出生的瑞典最著名的科学家、植物学家卡尔·林奈。

林奈虽然是一位医学博士，还是正式的开业医生，但是在人们的记忆里，他一直是个植物学家。在今天的瑞典，林奈不仅被称作"花卉之王"，还被视为伟大的民族英雄。

林奈的父亲是一位牧师，他非常希望林奈子承父业，但让这位老父亲意想不到的是，自己的业余爱好对儿子的影响更大。林奈的父亲热衷于园艺，从4岁开始，林奈就对父亲讲的各种植物故事特别感兴趣。从此，小林奈日常总是努力记住每一种植物的名字，还收获了"小植物学家"的称号。

在18世纪及以前的时代里，医生所用的药物大部分来自植物，所以想要当医生，就必须学习植物相关的知识。换句话说，当时的植物学其实是医学的一部分。林奈却反其道而行之，为了学习植物学，他上大学的时候选择了医学。

1728 年，林奈来到了瑞典最好的大学——乌普萨拉大学，这所大学历史悠久，直到今天仍在全世界享有盛誉。不过，在林奈到这里学习期间，这所大学的情况并不好。虽然从课程设置上看，解剖学、植物学和药理学等课程在此时的医学系一样都不缺，但大部分课程只是被写在那里而已。乌普萨拉大学当时只有两位医学教授，一位以贪婪著称，一位热衷于自己的写作，总之没人对教学感兴趣。毫无疑问，林奈的大学生活非常糟糕。庆幸的是，对于一心追求科学的林奈来说，他的眼里只有自己感兴趣的东西，所有的困境不过是一种磨炼而已。在乌普萨拉大学，林奈两耳不闻窗外事，集中精力关注并深入了解了自然科学的几乎全部领域。

1729 年，林奈写出了一篇论文，这篇文章被反复传抄，甚至引起了乌普萨拉皇家科学学会的注意。学会的成员要求林奈把这篇论文正式发表，可是，此时的林奈正在想办法挣钱养活自己。他主动向医学教授鲁德贝克申请，想要成为植物园的园丁，鲁德贝克教授断然拒绝了他。教授拒绝他的原因并不是因为林奈资格不够，而是认为以林奈的学识和天分，不应该把宝贵的时间浪费在培育植物上，他希望林奈全神贯注地去做更有价值的事。

　　鲁德贝克教授虽然自己不喜欢教学，但每年都要负责开设一门植物学课程，于是，他做了一个大胆的决定，让林奈负责这门课的教学。要知道，这门课程通常是由德高望重的专家来讲授的，而林奈只是一名大二的学生。这种事情不管发生在哪个年代，都是轰动性新闻。这门课程平时只有六七十人来听，学生也经常心不在焉，根本提不起兴趣。神奇的是，自从林奈接手以后，情况大不一样，这门课程居然人满为患，有时竟有三四百人来听课。也许，开始的时候大

家来听林奈的课是出于猎奇心理，不过，很快林奈就用实际
行动，以具有吸引力的课程征服了学生们。天才般的林奈
就是这样从大二开始便轻松且从容地承担了教授的职责。

教学工作不但带给林奈巨大的荣誉，而且让他找到了在
科学领域努力的方向。在林奈之前，世界各地的科学家都在
努力发现新物种，但是因为命名方法非常混乱，所以给新物
种取的名字千奇百怪。比如，1567 年，一位植物学家命名了
旋花属的一种植物，叫 *Convolvuhs folio Altheae*；到了 1623
年，另一位植物学家重新给它起名，叫 *Convolvuhs argenteus
folio*；1738 年，林奈又给它取了一个新名字，还在名字后面
加了很多注解，目的是让人们了解这种植物的特性。于是，
当人们说起这种植物的时候，它的名字变成了 *Convolvuhs
foliis ovatis divisis basi truncates；laciniis intermediis duplo
longiorbus*。面对这种长度的专业名词，记忆力再好的人都
很难记住，林奈意识到了这个问题，打算发明一套简单易用
的命名方法来彻底改变这种情况。

这样一来，给生物起名字的时候就有了规则，可以用简
短的名称命名物种，同时会建立一套完整的体系，让所有的
生物在其中都能拥有自己的位置。更重要的是，这套规则应
该全世界通用，不管是深海里体型庞大的鲸鱼，还是森林里

一棵不起眼的小草，它们都有了属于自己的、被全世界公认的名字。可以说，林奈的工作是给地球上所有的生物确立体系，在这个体系下，人类有了认识自然界的规则。不过，想要完成如此浩大的工程，不可能一蹴而就，林奈还要做大量的积累工作。

1732年，林奈接受皇家科学学会的委托，开始了自己的探险之旅。他的目的地是拉普兰地区，在这里他徒步行走了大约5000公里，收集到了大量的植物标本。有了这些宝贝，他创作了《拉普兰植物概要》这部著作。1733年秋天，林奈列出了自己计划要写的书，至少有13种，内容更是涵盖了众多学科。在自然科学领域，林奈是当之无愧的百科全书式的学者。

大学毕业之后，林奈游历了欧洲的其他国家。这期间他非常幸运地遇到了"伯乐"——那位出版了斯瓦默丹著作《自然圣经》的教授布尔哈夫，还参观了布尔哈夫那座被林奈称赞为"荷兰的奇迹"的植物园，这些经历都让林奈大开眼界。布尔哈夫十分器重林奈，希望他能留在荷兰发展。为此，布尔哈夫利用自己的影响力给林奈提供了条件丰厚的工作机会，还承诺林奈可以公费去美洲考察，给荷兰的植物园收集植物，等他回来之后，还能成为莱顿大学的教授。

但是，林奈无比怀念家乡，在游历欧洲各国之后，他还是决定回到瑞典，成为开业医生。没过多久，林奈就成为当地的名医，每天忙得不可开交，连吃饭的时间都没有。那么，他关于植物学的伟大理想怎么办？林奈的选择竟是放弃植物学，因为那时的他觉得行医赚钱更重要。不过，就在这个时候，命运再一次给了他奇妙的际遇。

在林奈的众多病人中，有一位是参议员的夫人，林奈治好了她的咳嗽，这位夫人马上把林奈推荐给了另外一位贵族：乌尔莉卡·埃莱奥诺拉女士，这位女士还有一个重要的身份——瑞典女王。林奈凭借自己精湛的医术得到了乌尔莉卡女王的信任，她决定提携林奈。很快，林奈就被任命为海军部的医生，这个职位让他衣食无忧，并且在瑞典的科学界享有崇高的地位，更重要的是，他终于可以回到植物学的怀抱了。

不得不说，幸运的林奈一直是科学界的宠儿。正是在林奈的事业上升期，瑞典成立了皇家科学院，这个机构在瑞典的科学史上起到了非常重要的作用。林奈不但参与了皇家科学院的建立，还担任了首任主席。有趣的是，主席的选举是抽签决定的，这样神奇的经历再次印证了科学对林奈的"恩宠"。

林奈的成就：给生物学定规矩

1741年，林奈回到了母校乌普萨拉大学。这一次，他的主要工作和以前一样还是教学，只是身份从学生变成了教授。林奈承担了植物学、药物学、营养学的全部教学任务，还和其他教授分担了病理学和化学的教学工作，除此以外，他没有脱离"老本行"，将管理植物园的工作也揽入怀中。

在乌普萨拉大学，林奈开始了他成果斐然的教学工作。在长达35年的时间里，林奈一直兢兢业业，在他的教导之下，至少有23名学生日后成为各个领域的教授。

在林奈负责教学之前，到植物园上课的学生只有十几个人，自从他接管植物园之后，学生们争先恐后地来这里学习，听课的人数达到了90人。林奈的课程极具魅力，他的授课方式很有感染力，广博的学识让他可以在授课过程中信手拈来那些贴近生活的鲜活例子，学生们听到这样生动有趣的课程，都全神贯注、沉浸其中。春夏两季，林奈还会带学生们远足，大家一起到森林里观察动植物。他们边走边采集标本，到了提前定好的休息地点，林奈会对这些刚采集到的植物进行现场讲解。这样的活动往往会持续一天，陆陆续续有上百人参与其中。每当活动结束的时候，大家会吹着号角，一路跟随林奈回到学校，整个教学过程变得如同节日一般。很快，林奈成为乌普萨拉大学的明星教授。不过，这些活动完全没有耽误他的科学工作，除了作为深受学生喜爱的教授之外，他还在瑞典境内进行科学考察，发表了数百篇专业论文。

　　林奈的学识跨越了多个学科。在他众多令人瞩目的成就中，有一项格外耀眼，在它的光芒下，同时代科学家的成绩都显得黯淡无光，这项成就就是推广动植物双命名法。

说到这项成就，我们需要回到1753年。这一年林奈出版了不朽的作品《植物种志》，还因它获得了"北极星骑士"的封号。更重要的是，这部著作是国际公认的现代植物命名法的起点。5年之后，林奈的另一部作品《自然系统》第十版出版，这是国际公认的现代动物命名法的起点。1761年，林奈被授予爵位，这让他的名字变成了卡尔·冯·林奈，正是今天他为人所熟知的名字。

在《植物种志》里，林奈把所有的开花植物分成了23个纲（Classes）。至于每种植物应该被分在哪个纲里，则是根据雄性个体花蕊的数量和长度。假如某种花只有一个雄蕊，那么它就属于单雄蕊纲（Monandria）；有些花有两个雄蕊，那么它就被归类到双雄蕊纲（Diandria）。随后，林奈根据雌性植物的器官特征，在纲的下级分出了不同的目（Orders）。也就是说，只有一个花柱的植物归为单雌蕊目（Monogynia），两个花柱的则是二雌蕊目（Digynia）。

按照这样的方式，林奈建立起一个树状分级结构的系统。如果用一个形象的比喻，这种结构和我们今天使用Windows系统时建立一级一级的文件夹很相似。每种植物都可以在这个体系里找到自己的位置，就像某个文件被放到了合适的文件夹里一样。

在林奈提出这套体系的时候，布封已经在欧洲科学界享有极大的声望。当布封看到林奈这套理论时，顿时大发雷霆，因为布封认为自然界是活生生的，林奈的做法是给生物套上了僵化的条条框框。尽管布封是位伟大的科学家，但在这件事上他错了。

在生物命名方面，林奈推广了"双命名法"，这个方法最大的优点就是简单好用。我们已经知道，在林奈之前的生物命名法非常复杂，而林奈使用了下面这种方法：对于每一个物种用两个单词表示，第一个单词是"属名"，相当于这种生物的"姓"；第二个单词是"种加词"，相当于这种生物的"名"。这两个单词如果单独看的话，是不能明确指定某种植物的，只有把它们结合在一起看才能确切地表示某个物种。

有意思的是，"种加词"的来历千奇百怪。它可能是一个流行语、一个单词，甚至是林奈朋友的名字，当然也有可能是在描述这个物种的特点。比如，我们人类正式的物种名称是 *Homo sapiens*，其中 *Homo* 的意思是"人"，而 *sapiens* 的意思是"有智慧的"，合起来就是我们所说的"智人"。

事实上，林奈用给植物命名的方式致敬了很多人，他的学生也延续了这个传统，用林奈的名字命名了一种花。林奈

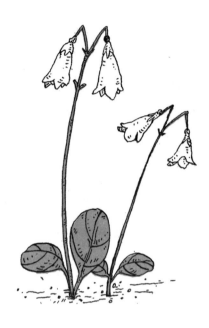

显然对这件事非常满意，每当画家给他画像的时候，他都忘不了让"林奈花"出现在画面里。

　　由于植物的学名最终是由两个单词确定的，所以这种方法被称作"双命名法"。这种命名方法简洁、准确，直到今天仍在沿用。至于动物的命名法，也遵循了这样的原则。勤勉的林奈给当时已经发现的所有植物和动物都进行了分类，这无疑是一项伟大的工作。

　　今天，我们依然在不断发现新物种，负责这项工作的机构叫作国际物种勘测协会。每年的5月23日，这家机构都会公布上一年全世界发现的新物种。至于为什么要选在这一天，我想你已经猜到了其中的缘由：这一天正是林奈的生日。

林奈建立了生物学体系，为进化论的提出铺平了道路。在林奈创造的体系里，每一种生物都能找到自己的位置，并老老实实地待在那里。不过，林奈本人是神创论的坚定支持者，他坚信所有的生物都是上帝创造的，不会发生任何变化。

值得一提的是，在林奈一生的科学研究过程中，他本人收集了极为丰富的藏品，其中很多保留到了今天，成为科学界不可多得的财富。林奈去世之后，瑞典人没能及时买下他价值连城的收藏品，英国人乘虚而入，把林奈的宝藏打包带回了英国，并成立了英国很重要的科学机构——伦敦林奈学会。虽然这个机构叫林奈学会，但它不仅是研究林奈的学术团体，更希望后人能在林奈的指引下，走向自然科学更广阔的世界。

第五章　18 世纪

自然界的大秘密

克里斯蒂安·康拉德·施普伦格尔（Christian Konrad Sprengel，1750—1816）
伊拉斯谟·达尔文（Erasmus Darwin，1731—1802）

地球上生存着许多物种，不同的物种可以生活在一起，它们之间存在相互影响的关系。那么，这种影响是如何产生的呢？18世纪的德国科学家施普伦格尔发现，不同的物种之间会相互适应。"适应"这个概念对进化论的提出至关重要。也正是在18世纪，英国科学家伊拉斯谟·达尔文提出了伟大理论的雏形，奠定了进化论的基础，这个"达尔文"和我们今天熟悉的"达尔文"又有什么关系呢？

施普伦格尔的发现：
藏在蜜蜂和花朵之间的秘密

今天，我们能看到的生物千姿百态，它们有各自不同的形态和生活习性。比如，海带能随着潮水飘摇不定，青蛙能飞快地伸出舌头捕捉蚊子，猎豹能用达到哺乳动物极限的速度奔跑……这些生物之所以如此奇妙，和它们能适应环境是密不可分的，"适应"正是进化论的核心观点之一。最早描述了生物之间相互适应现象的人是一位姓施普伦格尔的德国人。

在整个自然科学史上，姓施普伦格尔的科学家不止一个，我们现在说的这一位全名叫作克里斯蒂安·康拉德·施普伦格尔。

从施普伦格尔的教育经历来看，他的背景和科学关系不大，因为在著名的哈勒大学上学的时候，施普伦格尔主修的是神学专业；毕业以后，他又在柏林的一所学校当老师；1780年，施普伦格尔离开柏林，到一个名叫斯潘道（今天属于柏林的一个区）的小城市当上了一所学校的校长，这个时候的施普伦格尔只有30岁。在他人眼里，年纪轻轻的施普伦格尔就有如此成就，可谓春风得意。不过，让人想不到的是，施普伦格尔本人并不快乐，还因为长期忧郁患上了抑郁症。为了治病，他找到了医生恩斯特·路德维希·海姆，这位医生在当时名气很大，曾经给普鲁士的王后治过病。这位王后的丈夫正是弗里德里希·威廉三世，就是那位于在位期间建立了柏林大学的国王。

名医海姆给出的治疗建议非常有趣，他让施普伦格尔多多接触大自然，常去田间地头散步，看看那些生机勃勃的花花草草，听听林间鸟儿清脆的啼鸣。在大自然中，他可以放松下来，尽情呼吸新鲜的空气，心情也会逐渐愉快起来。

一开始，施普伦格尔并不高兴，因为他是一位严肃的神学家，更喜欢在自己的书房里读书，而且忧郁的情绪导致他连听见鸟叫声都觉得心烦。可是，医生的话又不能不听，施普伦格尔只能强迫自己放下工作，迈开脚步到大自然中去。

虽然一开始施普伦格尔内心很抗拒这样的散步，但是坚持一段时间以后，他终于在这种漫无目的的散步过程中找到了乐趣：他发现，大自然中花朵的结构真是太精巧了！

在一种名叫老鹳草的植物上，施普伦格尔发现了一种特殊的花瓣。原来，在老鹳草的花朵里，每5片花瓣里就有一片不一样。在这些特殊的花瓣底部，有一些粗毛。这些粗毛有什么作用呢？施普伦格尔非常好奇，仔仔细细地观察了这些粗毛。他发现在这些粗毛的旁边有一个小囊，而小囊里面储存着花蜜。这个结构复杂而巧妙，让施普伦格尔更加困惑。于是，他进行了更长时间、更细致的观察。最终，他发现这样复杂的结构非常实用，下雨的时候，这些粗毛可以为储存花蜜的小囊遮挡雨水，防止花蜜被雨水浸泡。

但是，这个结构只能遮挡雨水，却完全挡不住昆虫。这又是为什么呢？施普伦格尔想了很久，灵光一现，难道这个结构本来就是为了给昆虫提供方便，让它们来采蜜的吗？有了这样的思路以后，施普伦格尔开始观察其他植物的花朵。在另一种植物上，他发现花瓣上有很多明显的小黄点，难道这些小黄点也是为了帮助昆虫采蜜的吗？施普伦格尔掰碎了无数花朵，最后，他意识到这些小黄点就是路标，它们给昆虫指明了通向花蜜的道路。想到这里，他惊叹这些神奇的花朵居然贴心地为昆虫提供了方便！

然而，还有一个问题没有解决：这些花朵凭什么为昆虫白白付出呢？天下可没有免费的午餐啊！如果要给出一个合理的解释，那就是在昆虫采蜜的时候，花朵也得到了不少好处才对。

这些问题接踵而至，彻底激发了施普伦格尔的好奇心和斗志。他已经忘了自己的病，一门心思地试图破解花朵的秘密。从此，散步再也不是无聊的活动了，他开始喜欢上了它。每天早晨一起床，施普伦格尔就跑到野外观察植物。他花了整整一个夏天的时间把自己能看到的所有花朵都从里到外观察了一遍，总是到天黑才回家。很遗憾，他一直都没有找到自己想要的答案。

直到有一天，施普伦格尔发现了一种叫作柳叶菜的植物，最初他并没有意识到这种植物将会解答他的问题。但是，当他经过仔细的观察之后，发现这种花朵里面居然暗藏玄机。植物的花朵里有花蕊，分为雌雄两种，如果雄蕊上的花粉传播到了雌蕊上，那么花朵就会受精，这样才能结出种子。这个传递花粉的过程叫作授粉，但授粉需要一个基础，就是雄蕊和雌蕊都要处在生机勃勃的状态才行。

施普伦格尔继续观察了很多柳叶菜的花朵，发现这种植物不对劲！他发觉这些花的雄蕊总是比雌蕊枯萎得早，当雌蕊还生机旺盛的时候，雄蕊已经枯萎了，失去了产生花粉的

能力。既然柳叶菜的雄蕊和雌蕊这么不同步，那么这种植物
是怎么授粉的呢？施普伦格尔没有其他办法，只能静静地蹲
守在柳叶菜旁边，希望花的秘密能主动出现在自己面前。这
样的事居然真的发生了！

在等待了很久之后，施普伦格尔看见一只蜜蜂飞到了柳
叶菜的花上。这只小蜜蜂落在花朵上，先是爬了一会儿，然
后探头探脑地仿佛是在找什么东西，但是似乎什么也没找
到；最后它振了振翅膀，嗡嗡地飞走了。猛地一看，蜜蜂的
这番努力并没有什么用，但是施普伦格尔坚信这只蜜蜂一定
干了些什么。于是，他花费了很多精力，抓到了几只"倒霉
的"蜜蜂，然后把它们放在显微镜下观察。

这一看可不要紧，原来这些蜜蜂浑身上下沾满了花粉。施普伦格尔恍然大悟：花朵用花粉吸引蜜蜂，而蜜蜂在不停采蜜的过程中，无意间把花粉带到了其他花朵上。

对于柳叶菜来说，虽然一朵花上的雄蕊和雌蕊并不合拍，没法做到在同一时间生机勃勃，但有了蜜蜂的"帮助"，这个问题就可以圆满地解决了。就算是这朵花的雄蕊枯萎了，其他花的雄蕊可能还非常健康，这样一来，花粉就可以从一朵花传到另一朵花上，这个过程叫作"异花传粉"。

自从有了这个发现，施普伦格尔正式走上了生物学的研究道路。他详细地阐述了各种植物传播花粉的方式，并且写下了一本有趣的书，叫作《被揭开的自然之谜》。针对为什么植物的花朵和蜜蜂能够形成一种和谐的共生关系，施普伦格尔给出了这样一个答案：它们因彼此而存在，它们互为补充。

以今天的眼光看，这个观点是错误的。在进化的过程中，生物们不会有那种毫不利己、专门利人的精神，花朵和蜜蜂并不是主动为了对方着想，而是在互相适应对方，最终形成了互相协作的关系。

重要的是，虽然施普伦格尔没有正式提出"适应"这个概念，但他事实上已经描述了自然界里的"适应现象"。在漫长的进化过程中，物种和它所处的环境逐渐产生了"适应"。正如花朵和蜜蜂的例子，这两者之间相互适应，形成了一种良好的互动。

别忘了，施普伦格尔并不是科学家，而且是神学专业出身，所以他在思考这一切的时候，仍在试图解释上帝造物时的奇思妙想。也正因为如此，当时很多科学家都不认可他的发现，甚至提出了诸多批评意见。不过，世界很大，总会有一些慧眼识英才的人，其中最值得一提的是英国19世纪上半叶重要的植物学家之一罗伯特·布朗。他命名了细胞核，发现了悬浮微粒永不停息地做无规则运动的现象——布朗运动。因此，直到今天，在你的中学生物和历史教材里，我们时不时还能看到罗伯特·布朗的身影。这位伟大的科学家在阅读完施普伦格尔的著作后感叹，只有傻子才会嘲笑施普伦格尔的发现。

又过了许多年，另一位科学家也看到了施普伦格尔的著作，这位科学家同样对他的发现给予了高度认可，这位科学家就是那位提出进化论的查尔斯·达尔文。别急，要想全方位了解查尔斯·达尔文的故事，我们还要先认识另一位"达尔文"。

伊拉斯谟·达尔文的尝试：找寻生命的规律

就算你不看这本书也一定知道，进化论提出者的名字是查尔斯·达尔文。不过，你大概不知道，除了这位"达尔文"以外，还有一位"达尔文"同样在发现进化论的过程中做出了巨大贡献，他就是伊拉斯谟·达尔文。

你肯定很好奇，这两位达尔文之间有没有关系呢？有关系，大有关系！伊拉斯谟·达尔文正是查尔斯·达尔文的爷爷，而且是位相当了不起的爷爷。

伊拉斯谟·达尔文是英国的一位著名医生，毕业于爱丁堡大学。爱丁堡大学是当时英国乃至全世界医学教育领域最好的学校。伊拉斯谟不但毕业于名校，他的从医生涯也非常成功，连英国国王乔治三世都邀请他当御医，只不过伊拉斯谟不喜欢这个职位，婉言谢绝了国王的邀请。不仅如此，伊拉斯谟还是了不起的发明家和诗人。在他生活的年代，英国人正在大规模地进行奴隶贸易，而伊拉斯谟·达尔文是一位坚定的废奴主义者，可以说，他的这个思想主张是领先于时代的。

更重要的是，伊拉斯谟·达尔文率先提出了进化论的雏形，这可比他的孙子早了好几十年。虽然在今天看来，伊拉斯谟的名气不如他的孙子大，但是在他生活的18世纪，伊拉斯谟称得上德高望重，在整个英国历史上都是举足轻重的人物。

当时，英国即将进入工业时代，不但在科学领域突飞猛进，在思想界启蒙运动也蓬勃发展起来。那个时代，科学和思想水乳交融，英国出现了一个自发形成的非正式组织，充分体现了科学与思想的完美结合，这个组织叫作月光社，他的创始人正是伊拉斯谟·达尔文。

1765年，月光社成立于英国伯明翰。之所以取名"月光社"，是因为这个组织的成员会定期聚会，他们把时间选在了每个月满月的那一天。选这个时间的理由很充分：当时，电灯还没有被发明出来，晚上的照明是个大问题。怎么办呢？英国是个海洋国家，捕鱼业相当发达，英国人发现鱼类腐烂的时候会发出磷光，这种光虽然很微弱，但是在漆黑的夜晚多少也能起点作用。有意思的是，伊拉斯谟在爱丁堡大学学医的时候，有一次走夜路回家，根本看不清怀表指示的时间，于是，他就从地上捡起一个别人扔掉的鱼头，靠着这个腐臭的鱼头发出的微弱光亮查看时间。

可以说，在灯具发明之前，黑夜总是让人觉得异常漫长。也正是因为这个原因，月光社选定在满月的时候聚会，并且他们总是先聚餐饮酒，然后借着酒劲愉快地讨论各种科学问题。这种讨论经常会持续到深夜，当他们心满意足地结束聚会之时，月光皎洁，如水一般洒遍大地，为这些沉醉的科学家们照亮了回家的路。

在月光社的这些科学家里，有化学家约瑟夫·普莱斯特利，他发现了氧气，当时与伟大的拉瓦锡齐名；有詹姆斯·瓦特，他改进了蒸汽机，给英国工业革命提供了源源不

断的动力；还有一位叫作约书亚·韦奇伍德，他是英国著名的瓷器商，尽管不是科学家，却也成功加入了英国皇家学会，因为他享有特殊的荣誉。韦奇伍德开创了以自己的姓氏命名的瓷器品牌，英国国王乔治三世的王后夏洛特特别喜欢这个品牌的瓷器，因此，韦奇伍德经常被王后召见，他将这类瓷器命名为王后瓷器。直到今天，韦奇伍德这个品牌仍然是高端瓷器的代名词，韦奇伍德家族也因此积累了大量财富。

　　之所以在这里给韦奇伍德多留了一些笔墨，是因为韦奇伍德的女儿嫁给了伊拉斯谟的儿子，这对幸福的夫妇养育了六个子女，其中一个便是查尔斯·达尔文。因为这种联姻关系，这两个家族被称为"达尔文-韦奇伍德家族"，查尔斯·达尔文的父亲继承了两个家族的财产，使得查尔斯·达尔文从小就享有衣食无忧的富庶生活。

　　还有一些外国科学家虽然不能亲临月光社聚会讨论，但他们通过频繁的书信往来，同样成为月光社的成员。比如法国启蒙运动中的重要人物卢梭以及美国科学家、政治家本杰明·富兰克林，这两位不但是外国籍的月光社成员，还是伊拉斯谟一生的挚交。

　　能把这些科学家聚在一起，伊拉斯谟作为这个组织的领导者，在科学界的地位可见一斑。而作为一名科学家，伊拉斯谟有着自己独特的风格。别的科学家通常把自己的发现写成严肃的论文，伊拉斯谟却总是把自己的科学思想写成优美的长诗。伊拉斯谟热爱生物学，非常敬仰林奈，他和另外两位学者花了7年时间把林奈的著作翻译成了英文，也就是说，很多植物的英文名称都是他在翻译的时候创造的。在阅读了林奈的著作之后，伊拉斯谟写出了一首长诗《植物之爱》，他用诗歌的形式把生物分类学介绍给了读者。如果用今天的话来评价，伊拉斯谟就是一位极其优秀的科普作家。

伊拉斯谟不仅传播林奈的思想，还在此基础上有所创新。我们已经知道，林奈创造了生物学体系，但他本人坚信上帝造物的学说，而伊拉斯谟虽然对林奈充满崇敬之情，却在林奈的著作里读出了新的思想。伊拉斯谟想道，在林奈划分出的体系之中，有很多生物非常相似，可是，为什么这些生物会如此相似？难道它们有着共同的祖先？如果它们有着共同的起源，又是什么力量驱动了生物的变化呢？

为了解释这些问题，伊拉斯谟写了另一首长诗《动物生物学或生命规律》。在这首诗里，伊拉斯谟写道，生物的体内存在一种内在的动力，也就是"伟大的第一因（THE GREAT FIRST CAUSE）"。在这种动力的驱使之下，生物不断地通过自身的内在活动改进自己，还能把这些"改进"不断地传递给后代。在这个过程中，最强壮的物种得以繁殖，从而获得了进一步改进自己的机会。他还认为，所有的恒温动物都源自几百万年前的"一根细丝"，生物就是从这样一个基础的形态逐渐演变而来的。

可以看到，尽管伊拉斯谟的理论还不够完善，但是"适者生存"的观念已经模糊地出现了。也就是说，通过伊拉斯谟的这首长诗，人们已经看到了进化论朦胧的影子，只要再向前迈进一步，进化论就会出现在世人面前了。

然而，科学发展之路曲曲折折，有时还荆棘丛生。在伊拉斯谟生活的18世纪，人们还完全不能接受这种思想。结果，凝结伊拉斯谟思想精髓的长诗一经出版就引起了轩然大波，英国的媒体对它进行了极其严厉的批评，当时的统治阶层也把这首诗当成了眼中钉。好在伊拉斯谟很有名望，没有遭受迫害，但是这首诗的出版商不幸被关进了监狱。事实上，伊拉斯谟早已预料到了这样的结果，所以他在临终前才把最重要的作品出版发行，以便让他尽量避开那些无聊的纷争。不过，就算是这样，他的思想遭受抨击的经历还是对科学发展造成了隐秘且重要的影响。

多年之后，伊拉斯谟的孙子查尔斯·达尔文在提出进化论的时候，非常清醒地认识到自己的理论将撼动整个世界，因为这个理论否定了上帝造物的学说，必定会引来激烈的反对声。想到自己爷爷的遭遇，查尔斯·达尔文迟迟不肯公布自己的研究成果，而这为科学界的又一场风波埋下了伏笔。

第六章　**19 世纪**

所有事物都是有联系的

约翰·沃尔夫冈·冯·歌德（Johann Wolfgang von Goethe，1749—1832）
亚历山大·冯·洪堡（Alexander von Humboldt，1769—1859）

到了19世纪，几位德国科学家在通向进化论的道路上不断前进。歌德不但是一位著名诗人，还进行了很多科学研究，他猜测人和其他动物的头骨有着共同的起源。另一位德国科学家亚历山大·洪堡则有开阔的视野，他认为世界上所有的事物都是有关联的，他的科学实践为各个学科的知识之间建立了联系。查尔斯·达尔文在正式提出进化论之前，正是从亚历山大·洪堡那里知道了自己爷爷的发现。

歌德的浪漫：生命和诗一样美好

约翰·沃尔夫冈·冯·歌德是伟大的德国诗人，写下了不朽的诗剧《浮士德》。今天，只要我们提起德国诗歌，首先浮现在脑海里的一定是它。

　　《浮士德》这部作品花费了歌德长达64年的时间，正是因为这部巨作，歌德不仅在德国成为著名的诗人和文学家，而且在世界范围内享有很高的声誉。直到今天，你基本在每种世界文学史中都能找到"歌德"这个名字。不过，问题来了，既然歌德是文学家，他为什么会出现在这本关于生物学的书里呢？原因很简单，歌德学识渊博，他不仅是个诗人，还有一个我们不太熟悉的身份——生物学家。

　　歌德年轻的时候，除了不喜欢数学，他对各种自然科学都有着浓厚的兴趣，比如医学、化学、矿物学和地质学，统统属于歌德的学习范围。作为诗人，歌德骨子里带着一股浪漫气息，他认为这种浪漫不只存在于他的心里，而且遍布整个大自然。他要进行科学研究，正是为了去捕捉这一丝丝浪漫的感觉。

　　歌德怀着浪漫的畅想，不停地问自己这样的问题：花儿为什么这样红？它们的气味为什么如此芳香？大自然里的一切美好究竟是从哪里来的？它们又为什么会出现在这个世界上？为了寻找这些问题的答案，歌德沉浸于书海，在阅读中找到了自己的领路人——植物学大师林奈。

　　和歌德浪漫的诗歌相比，林奈的书里全是各种枯燥无聊的表格以及用拉丁文写下的关于植物的描述。不过，在歌德

眼里，林奈写下的文字和诗歌一样优美。读完林奈的植物学
著作之后，歌德忍不住称赞林奈是个天才。林奈深深影响了
歌德，歌德希望自己也能成为一位植物学家。

　　歌德是个思想开阔、很有批判精神的人。初读林奈的作
品，他觉得这些书真是尽善尽美，完全没有缺点。但是，随
着他的思考越来越深入，歌德发现林奈的著作也不是完美无
缺的，尽管林奈观察问题的角度很有趣，但歌德觉得林奈的
写法多少有点无聊，特别是在观察植物的时候只是拘泥于一
种观察对象，忘了这些植物是活生生的，而这才是植物最美
好的一面。

　　与林奈不同，歌德一向善于发现自然中美好的那一面，
更不可思议的是，他不但自己去发现自然之美，甚至还把当
时魏玛公国首席国务大臣一同带到了发现自然之美这条路
上。在歌德的影响之下，公爵也成了疯狂的植物学爱好者。
除了日常的工作交流，他们还经常一起去花园里刨土、种
花、种草，有时甚至把办公事的时间都用在了研究植物上。
果然，经过一番钻研以后，歌德对于"物种是否可变"这个
问题提出了新的看法，在观念上超越了自己的偶像林奈。

　　林奈认为生物的形态是不会发生改变的，歌德却看到了
更多的细节，认为所有的植物都是从同一个形态发育而来

的，也就是说，所有的植物都是这个形态的变体。简单地说，歌德认为虽然植物看起来千奇百怪，但实际上所有的植物在生长发育的过程中都遵循着共同的规律。

歌德认为植物的各个部分都是由叶子演变而成的。比如，花朵上的花瓣其实就是变形的叶子。他还发现，越是接近花朵中心的花瓣，它的样子就和花蕊越像。在他看来，叶子能变成花瓣，也能变成花蕊，花蕊长大之后又会变回花瓣。在今天看来，这样的观点是错误的，但是歌德提出了有可能发生变化的"可能性"。

之后，歌德把自己关于植物学的心得写成了一本书，书名叫作《植物变形记》。歌德认为这本书揭示了自然界的秘密，它的价值无与伦比。因而，他迫切地想出版这本书，让所有人都能读到它，以此来证明这个发现的价值。于是，歌德在同一天把两部书稿交给了出版社，但出版社显然不理解歌德对植物学的热情，拒绝出版这部植物学著作，而把歌德一起送去的另一部书稿出版发行了，这部书正是《浮士德》的第一部。

面对这种情况，歌德非常不高兴，但也没什么办法，他唯一能做的就是去和出版商软磨硬泡，希望他们能把两本书全部出版。可惜，歌德的文学天赋过于耀眼，掩盖了他在植物学方面的天分，出版商只知道他诗歌写得好，根本不了解他在植物学领域的造诣。当然，面对歌德的坚持，出版商还得找个借口推托，于是，他们找到了其他科学家咨询歌德在科学方面的成就，这些科学家非常轻蔑且武断地否定了歌德的科学才能。就这样，歌德这部重要的植物学作品被扼杀在摇篮之中了。

后来，另外一家出版社终于冒险出版了这本书，不过，结果可想而知，生物学家们对歌德的作品进行了一番冷嘲热讽，根本没人理会他的发现。得知这种情况，歌德大发雷霆，本想再写一本书来证明自己，可正在这个时候，他发现了更有意思的事情。有一次，歌德看见了一头羊的头骨，脑海中灵光一现，羊的头骨怎么和它的脊椎看起来有点像呢？你可能产生了这样的疑问：歌德是诗人和植物学家，怎么又对动物的骨头感兴趣了呢？他能搞懂动物的骨头吗？

巧了，歌德还真是个研究头骨的专家。要知道，歌德在青年时代学过医学，当然对解剖学不陌生；他还曾花费大量时间研究人类的上颌骨。当时的解剖学家认为动物身上有一块特殊的骨头，叫作颌间骨，之所以特殊，是因为这块骨头只有动物有，人类身上没有。歌德对人体的骨骼进行了研究，发现人体之中其实也有颌间骨，只不过跟邻近的骨头融合到了一起，所以很难看出来。这个发现启发了歌德，既然在骨骼方面人类和动物有这么相似的情况，那么动物之间会不会有血缘关系呢？

歌德开始在头骨中寻找脊椎的痕迹，最终他得出了一个结论，这个结论叫作颅骨脊椎起源论，就是说，颅骨是由变形的脊椎组成的。这个发现引起了英国当时最著名的解剖学家欧文的注意。欧文不但鼓励歌德沿着这个思路继续研究下去，还激励后世的解剖学家针对这个结论研究了好几十年。

歌德在植物身上发现花瓣和花蕊是同源的，在动物身上发现头骨和脊椎是同源的，这些发现对生物学的发展产生了重要影响。

歌德是一个精力充沛的人，他的一生丰富多彩。他花费了几十年的时间和精力搜集了大量花花草草和动物骨骼的标本，在忙于这些研究的同时，还写下了永载史册的《浮士德》。只不过今天的我们往往只记得他是《浮士德》的作者，而忘了他还是位了不起的生物学家。此外，歌德对物理学的兴趣也相当浓厚，还曾质疑、挑战过牛顿的理论。歌德用充实的创作和研究坚持不懈地实践着他的浪漫情怀，让我们看到生命可以如此精彩！

总的来说，在生物学领域，歌德指出了生物形态变化的

可能性，尽管他的理论存在诸多错误，但回头看时，他的发现确乎为进化论的出现提供了重要启示。

亚历山大·冯·洪堡的探险：世界都在我眼里

在科学研究的道路上，歌德并不寂寞。他有一位好朋友是真正的科学家，而且是19世纪德国最重要、最有影响力的科学家，这位朋友名叫亚历山大·冯·洪堡。

亚历山大涉猎了当时几乎所有自然科学领域，包括自然

地理学、近代气候学、植物地理学、地球物理学……特别是
在生物学和地质学领域，他是当之无愧的权威。在亚历山大
的有生之年，他在德国的地位举足轻重，可以和他比肩的大
概只有他的亲哥哥威廉·冯·洪堡了。哥哥威廉曾接受国王
的任命，创建了柏林大学；在柏林大学的自然科学领域，弟
弟亚历山大又做出了突出的贡献，今天的柏林大学之所以更
名为洪堡大学，正是为了纪念这对兄弟。

　　在19世纪的德国，亚历山大的影响力不但巨大而且广
泛。柏林大学的地理学系是世界上第一个地理学系，亚历山
大正是第一任系主任。他不仅是位科学家，还长时间担任
国王的内务大臣，是德国位高权重的政治家。更值得一提的
是，亚历山大利用自己的影响力培养了一大批优秀的科学
家，其中约翰内斯·彼得·穆勒和亚历山大的关系非同一
般。在1848年革命期间，和当时担任柏林大学校长的穆勒
一起参加游行的正是亚历山大，而穆勒不但两次担任柏林大
学的校长，而且堪称德国"最伟大的老师"。提出能量守恒
定律的亥姆霍兹、提出细胞学说的施旺、完善细胞学说的微
尔啸等名动一时的科学家，统统是穆勒的学生。从这个角度
看，亚历山大眼光极好，他培养了科学家穆勒，而穆勒也没
有辜负亚历山大的期望，带领无数年轻人进入科学的世界。

　　亚历山大的科学思维非常开阔，他认为这个世界上所有的知识都是有联系的。这一点非常重要，因为在查尔斯·达尔文提出进化论的过程中，地质学知识起到了重要作用；更重要的是，亚历山大本人的经历深深影响了查尔斯·达尔文。那么，亚历山大到底经历了些什么呢？

　　亚历山大出生在普鲁士的贵族家庭，父亲深受国王器重，而王储是亚历山大的教父。在基督教国家里，教父和教子的关系是非常亲密且重要的，就像在文学作品《哈利·波特》里，哈利的父母不幸去世，他的教父小天狼星就可以成为他的监护人。因为有这样优渥的条件，在童年时代，亚历山大的父母为他配备了优秀的家庭教师，其中一位正是柏林的名医恩斯特·路德维希·海姆。想必你还记得这个人，正是他建议施普伦格尔通过亲近大自然的方式舒缓抑郁情绪，结果施普伦格尔不但治愈了自己的疾病，还在自然中发现了蜜蜂给花朵授粉的秘密，客观上描述了"适应"这个概念。

　　在这些家庭教师的影响之下，亚历山大从小就对自然界产生了浓厚的兴趣。在他成年之后，不止一次进行了探险和科学考察，其中包括一次长达5年的全球航行。正是这些科学考察和互动让亚历山大大开眼界，做出了常人难以企及的科学贡献，从而享誉整个科学界。

　　1802年，32岁的亚历山大在美洲进行科学考察。他登上了钦博拉索山，当时人们认为这座山是世界最高峰，亚历山大创造了那时的登山世界纪录。在接近山顶的时候，亚历山大俯视着脚下的景色，那一瞬间，一个奇妙的想法进入了他的脑海。在他的眼里，整个世界就像是一个巨大的有机体，一切相互关联。这是一种对于世界的全新看法，直到今天还在影响着我们理解世界的方式。在这之后，亚历山大不但游历了意大利、英国，还横穿俄罗斯到达了中国边境，这次旅程足足跨越了15000公里。他还曾三次登上维苏威火山，穿戴专业设备在泰晤士河潜水，如此丰富的经历在当时

无人能及。

凭借着对大自然的全方位观察，亚历山大写下了皇皇巨著《宇宙》。它是对于整个世界自然地理情况的全面描述，启发了后世无数科学家，其中最为重要的一位就是进化论的提出者查尔斯·达尔文。

我们已经知道，查尔斯·达尔文出身于医生世家，他的爷爷、伯父、父亲和哥哥都毕业于当时世界上最好的医学院——爱丁堡大学医学院，不过，查尔斯·达尔文偏偏对学医不感兴趣，从小就喜欢亲近大自然，成为一位博物学家才是他的理想。在达尔文的心中，亚历山大·洪堡就是自己的偶像，如果能像他一样环球航行，并在大自然里有新发现，那才是最幸福的事情。达尔文曾在自己的书里写道："没有什么能比阅读亚历山大·洪堡的旅行故事更让我激动的事了。"他也承认，如果没有亚历山大·洪堡的影响，自己根本不会进行环球航行，更不会受到那次航行的启发写出《物种起源》。不得不说，能读到亚历山大的书是达尔文的幸运，也是整个生物学界的幸运。

查尔斯·达尔文是在爱丁堡大学期间意识到自己并不喜欢学医的，于是，在父亲的安排下他来到剑桥大学学习神学。不过，他更不喜欢神学，所以在剑桥大学学习期间，他还在不断地学习自然科学。在这里，达尔文遇到了植物学教授约翰·史蒂文斯·亨斯洛，他和亨斯洛教授的关系十分亲密，经常一起边散步边探讨学术问题，甚至得到了一个外号——"陪亨斯洛教授散步的人"。亨斯洛教授非常支持达尔文的选择，恰好当时英国政府组织了一次环球探险，负责这次探险的船长需要一位随船的博物学家，于是，亨斯洛教授就推荐了年轻的达尔文。正是因为参加了这次探险，达尔文才亲身感受到大自然的神奇，看到了不计其数的物种。虽然在参加这次探险的过程中，达尔文还没有产生关于进化论的思想，但是回到英国之后，达尔文开始思考：为什么世界上有这么多相似的物种？这些物种究竟是如何产生的？为了解答自己的疑惑，他进行了数十年的研究，最终提出了进化论。

后来，达尔文与亚历山大·洪堡相识了，在通信交流的时候，达尔文表达了自己对他的崇敬之情以及他的探险经历和科学思想对自己的影响。亚历山大告诉达尔文，虽然自己是达尔文的偶像，但是自己也有自己的偶像，就是达尔文的爷爷伊拉斯谟·达尔文。要知道，亚历山大和歌德是好朋友，他们曾经一起进行过科学研究，还一起发现了伊拉斯谟·达尔文作品的惊人价值。当他们读到伊拉斯谟·达尔文作品的时候，感到非常惊诧，居然有人能用诗歌的形式描述了不起的科学思想。

今天，虽然我们无法回到那一刻去亲眼见证这几位科学家的友情，但是，我们可以想象，在知道自己的偶像亚历山大和自己家族关系的那一刻，达尔文的内心一定是暖暖的，自豪感和幸福感会油然而生，这是何等奇妙的事！在亚历山大·洪堡这位伟大的科学家的联结之下，达尔文祖孙除了血缘关系之外，又在科学思想上达到了超越亲属关系的默契。真是科学史上的一段佳话。

虽然亚历山大·洪堡并不是生物学家，但他认为整个世界上各种生物的每个组成部分都有联系，他的思想拓宽了那个时代科学家的眼界。更有趣的是，在进化论被提出的过程中，正是亚历山大承前启后，把前辈科学家的思想传递给了达尔文。无论从哪个方面来说，亚历山大·洪堡都是那个为科学思想建立联系的人。

第七章 19世纪

距离"胜利"一步之遥

让·巴蒂斯特·拉马克（Jean-Baptiste Lamarck，1744—1829）
若夫华·圣伊莱尔（Saint Hilaire，Etienne Geoffroy de，1772—1844）

　　19世纪，法国科学家同样在生物学领域做出了突出贡献，拉马克和圣伊莱尔是其中的佼佼者。拉马克非常明确地指出，自然界的生物确实会发生变化，而且这些变化可以遗传给后代，当这些变化足够大的时候，新的物种就出现了；圣伊莱尔在对比不同物种结构这条路上继续前进，他发现物种之间虽然存在不同，但是它们的器官有着相同的起源。这两位科学家为进化论的提出进一步奠定了基础。

拉马克的贡献：我创造了"生物学" 还提出了进化思想

　　我们必须承认，在查尔斯·达尔文正式提出进化论之前，已经有很多科学家阐释了类似进化论的思想。在这些科学家之中，贡献和影响力最大的是法国科学家拉马克。

1744年，拉马克出生在法国皮卡第，是家中的第十一个孩子。他的父亲并没有打算让拉马克成为一名科学家，而是希望他能当神父，于是把小拉马克送到了教会学校。不过，拉马克心中一直有个英雄梦，他想成为一位战功赫赫的军官，久经沙场，建功立业。

1760年，拉马克的父亲去世了。在悲伤之余，他毅然决然地从学校跑了出去，直接投奔了军队。但那时的拉马克只有16岁，接待他的团长告诉他，军队不适合未成年人加入，他应该赶紧回家。但是，拉马克下定决心要从军，好心的团长只好稍稍妥协了一下，让他在这里先过上一夜，第二天再回家。团长万万没想到，就在第二天，一场突如其来的战争爆发了，队伍里的军官一个接一个地倒了下去，相继牺牲。在没有指挥官的情况下，整支军队的士兵都准备逃跑。在这个危急关头，16岁的拉马克站了出来。按照当时的惯例，只有贵族才能当军官，没想到这些身经百战的老兵却愿意接受他的指挥，就这样，拉马克成为这支军队中最年轻的军官。果然，拉马克展现出不俗的军事才能，在他的指挥下，这些士兵守住了自己的阵地。直到上级军官找到这支残破的军队并下达了命令之后，拉马克才从容地带着这支军队撤离。从此，拉马克正式成为一名军官。

在这次意想不到的战斗结束之后，拉马克又率领自己的军队来到法国普罗旺斯，在这里驻扎了长达5年时间。在漫长而枯燥的驻扎期间，士兵和军官都靠喝酒打发日子，只有拉马克不愿意参加这种活动，找到了消磨时间的好方法。原来，他利用闲暇时间收集植物，深深地迷上了这种活动。可惜造化弄人，就在这个时候，拉马克的脖子上长了一个肿瘤，他只好退役回到巴黎做手术切除肿瘤。好在这次手术很成功，但在拉马克的脖子上留下了一道很大的、永久的伤疤，使他再也无法回到军队。不过，这样的经历也给拉马克带来了新的机会。治好肿瘤之后，他开始学习医学，如果一切顺利的话，这名勇敢的军人本可以转而成为一名优秀的医生。但是，在普罗旺斯养成的习惯改变了拉马克的人生，他对植物学的兴趣越来越浓厚，在学习医学的过程中，他总是逃课去听植物学课程。

拉马克很擅长学以致用，他一边学植物学，一边开始编写植物学的相关书籍。这时，林奈依然是植物学界不可撼动的权威，而拉马克所做的事情就是从林奈的书里选取一部分内容，然后按照自己的思路重新加工、编排，从而创作一本全新的植物学图鉴。这本图鉴非常实用，在拉马克看来，只要识字的人都能在这本书里了解到自己感兴趣的植物。

乍一看，拉马克的这本书不算什么，毕竟只是从林奈的书里挑选了一些内容重新编排一下而已。实际上，拉马克和林奈的思路完全不一样，林奈的工作是规定了整个生物界的秩序，进而把所有的生物按照规律分门别类；而拉马克的图鉴重在实用，为的是方便读者在书里查找植物知识。

连拉马克自己都没想到，恰恰是"跟林奈不同"这一点给他带来了机遇。别忘了，当林奈提出自己的分类系统的时候，法国的布封爵士表达了强烈反对，在布封眼里，凡是跟林奈"对着干"的人都是他的伙伴。布封听说这个叫拉马克的青年科学家提出了一套和林奈不同的分类系统，非常开心。此时的布封社会声望很高，他决定四处奔走帮拉马克筹一笔钱，让他把这部著作出版；不仅如此，布封还聘请拉马克担任他儿子的家庭教师；这还不够，1779年，法国科学院有了一个职位，布封立刻推荐了拉马克。国王路易十六很尊重布封的意见，签署同意了对拉马克的任命。从此以后，拉马克有了新职位和新任务，在认真教导布封儿子的同时，开始考察各地的植物园和博物馆，并负责购买各种科学器材。

如果那时的法国没有大动荡，拉马克会踏踏实实地成为一名科学家。可惜，18世纪末期，法国爆发了那场我们熟知的大革命，引起了整个国家的动荡，科学界也不例外。1793年，大革命如火如荼地进行着，法国自然史博物馆在此期间成立了，拉马克被安排到这里工作，负责研究昆虫和蠕虫。此时的拉马克已经49岁了，而且他本是植物学家，对动物学领域虽然不是一窍不通，但和专业人士相比仍是"门外汉"。庆幸的是，拉马克的勇气丝毫不减当年，他的内心依然住着那个英勇的、孤军奋战的指挥官。面对动物学这个自己并不熟悉的研究领域，拉马克没有一丝迟疑，他全身心投入，居然在这个领域深入研究了25年。

一开始，拉马克根本不了解动物，不但不会做标本，甚至连水蛭和蚯蚓有什么区别都不知道。但是，拉马克天分过人，还有超乎常人的勤奋，经过一番努力，他在动物学研究方面开辟了新天地，解决了前辈林奈都没有解决的问题。要知道，林奈虽然给生物进行了分类，但在很多方面都比较粗糙。比如，他划分的"蠕虫"其实就是个大杂烩，把各种他本人分不太清楚的动物统统划了进去，几乎所有无脊椎动物都被包含其中。

而拉马克在这个方面思路很清晰，他首先把动物分成了两类，分别是脊椎动物和无脊椎动物。虽然在之前几千年的时间里并不缺少生物学家，但直到这一刻，才终于有了"生物学"。而对于拉马克来说，创立"生物学"只是个比较小的贡献，更大的贡献在于他在历史上第一次系统地提出了进化论思想。

1809年，拉马克出版了自己的巨著《动物哲学》。在这本书里，他以多年从事的生物学研究为基础，完善、系统、充分地阐述了自己的进化论思想。尽管后来他的大部分观点都被查尔斯·达尔文推翻了，但不得不承认，拉马克已经朝正确的方向迈出了巨大的一步。

首先，关于"生物是否可以发生变化"这个问题，拉马克给出了非常明确的答案，他告诉我们——生物确实是会发生变化的。

其次，拉马克认为生物的进化是有规律的，这个规律是从低级到高级，从简单到复杂。简单地说，拉马克认为进化是有方向的，是朝"高级"的方向发展的。正是因为有了这个发现，不管是动物还是植物的分类都呈现出了这种阶梯序列的特点。

再次，拉马克认为进化的过程并不是呈现出一条直线，而是会不断分化出新的物种。就像是在大树的树干上分出了许多新的枝条，如果把生物进行分类，最终出现在我们面前的是一个树状图，这个树状图描绘出了生物进化的过程。当然，这一点也充分体现了生物分类学对于进化论的意义。

那么，在拉马克心里，进化的具体过程是什么样子的呢？如果用一个词来总结的话，那就是"用进废退"。

所谓"用进废退"，我们可以这样理解：生物的生活环境存在着很多细节，当这些细节发生变化的时候，自然会影响到生物的生存。生物为了适应环境的变化，就会改变自己的生活习性，而生活习性的改变最终会引起生物身体结构的改变。这些身体结构的改变会遗传给后代，当这些微小的改变积累到一定程度的时候，新的物种就出现了。

我们可以用一个非常著名的例子——长颈鹿的脖子来解释这个过程。拉马克认为，长颈鹿的祖先脖子并不长，当它们聚在一起吃树叶的时候，贪吃的长颈鹿祖先总想把自己的脖子伸得比别的长颈鹿长，这样才能吃到更多高处的树叶。当然，除了脖子以外，腿和舌头也是越长越好。就这样，长颈鹿的祖先努力地让自己浑身上下都变长一点，而且它们成功了。或许每一代长颈鹿的各个器官变长并不明显，但是时间是最好的催化剂，经过漫长的时间积累，经过世世代代长颈鹿伸脖子、伸腿、伸舌头的努力，最终长颈鹿的脖子"脱颖而出"，变成足以傲视其他食草动物的独特存在。因为生物有需求，所以某种特性被强化了，这就是"用进"。同样

道理，如果生物的某种特性不被需要了，相应器官的功能就会衰退，这就是"废退"。

简单总结一下，拉马克认为生物可以发生改变，而且是在它们活着的时候就会发生改变，然后再把这种特性传递给下一代，这就是所谓的"用进废退"。正是因为阐述了这个观点，拉马克成为系统提出进化论的第一人，就连查尔斯·达尔文也肯定并称赞他是第一个在物种起源问题上得出结论的人。

从拉马克开始，科学家们意识到自然界的一切变化都是有规律的，这些规律可以被我们发现和认识。大自然正在慢慢地向我们揭示它的秘密，人们在思考事情发生原因的时候，逐渐远离"神灵"那些神秘莫测的手段，向科学的思维转变。

圣伊莱尔的收获：动物中的"统一蓝图"

拉马克认为，受到内部和外界因素的双重影响，生物在不断地发生变化，这些变化产生了新物种，致使整个自然界里的物种形成一个树状的结构。因此，生物应该有共同的起源。

既然生物有着共同的起源，那么，它们的器官也应该具有同源关系。举例来说，从外观上看，人的胳膊和鸟的翅膀没有一点相似的地方，但如果观察这两者的骨骼结构，我们就会惊奇地发现，它们竟如此相似，这种相似就是"器官同源"学说的佐证。而发现"器官同源"这个学说的人，正是拉马克的朋友、同事——圣伊莱尔。

圣伊莱尔21岁就在博物馆当上了教授。法国大革命期间，他帮助了很多人，因为这样英勇的行为，他受到了解剖学家杜班通的赏识。你一定还记得，这位解剖学家是布封的得力助手，曾和布封一起合作完成了《自然史》的前15卷。

大革命后期，军事天才拿破仑统治了法国，之后他发动了远征埃及的军事行动。在这次出征的时候，拿破仑带上了很多科学家，圣伊莱尔也是其中一个。在埃及，圣伊莱尔发现了很多有趣的动物，不光是活的，还有死的。

众所周知，埃及人有制作木乃伊的习惯，而且不只是把人做成木乃伊，很多动物也被他们做成了木乃伊。这些动物的木乃伊成为圣伊莱尔的收藏品，只不过他将这些宝贝带回法国时费了一番周折。因为那时法国正在埃及和英国作战，还被英国人打败了，英军司令提出了一个要求：所有法国科学家都要把自己在埃及的发现交出来。面对这种困境，圣伊莱尔表现出了极大的勇气，他说自己就算是把这些东西全烧掉也不会交给英国人。连英国军官也拿圣伊莱尔这种极其坚持的态度没办法，只能无奈地让他带着自己的收获回到了法国。

圣伊莱尔回到博物馆继续从事动物研究。随着研究的动物越来越多，他发现，在很多动物中存在着某种"统一的蓝图"。也就是说，尽管动物的器官在外表上有区别，但是它们有着共同的起源。比如，人的胳膊、鸟的翅膀、马的腿和鱼的鳍，虽然外观上形态不一样，但是它们都是由同一种东西演变而来的。但是，你肯定注意到了，这四种动物都是脊椎动物。那么，脊椎动物和无脊椎动物也有共同的起源吗？

圣伊莱尔认为脊椎动物和无脊椎动物也有着相同的起源。比如，猫的骨骼负责支撑，而肌肉包在骨骼外面；昆虫则不一样，它们的骨骼在外面，而肌肉在骨骼里面。尽管按照今天的看法，圣伊莱尔对于脊椎动物和无脊椎动物的描述略显粗糙，但是毫无疑问，"器官同源"的这个观点是正确的。更重要的是，既然生物的器官是同源的，那么，生物本身也有可能是同源的。因此，在提出进化论的道路上，圣伊莱尔提供了另一块坚固的基石。

现在我们知道，在拉马克和圣伊莱尔的努力之下，进化论几乎已经浮出历史表面，即将出现在世人面前。遗憾的是，这两位科学家的理论遭到了无情的反对，被多方的质疑、否定声击败。而反对他们的人，正是他们的同事、朋友，还有敌人。

曲折的进化之路到底何去何从？

第八章 19 世纪

灾难创造了世界，进化论靠边站

乔治·居维叶（Georges Cuvier，1769—1832）

　　尽管拉马克和圣伊莱尔的贡献很大，却没有得到足够的重视，因为他们的观点被同时代的另一位科学家——居维叶打败了。这三位科学家曾经是好朋友，但是由于科学观点不同，最终成为对手，居维叶的观点占了上风。他认为，这个世界确实会发生变化，但这些变化都是突然而不是缓慢发生的，这种突然发生的变化就是"大灾变"。在大灾变之中物种会灭绝，并不会产生新物种。究竟是不是这样呢？

居维叶的判断：尖牙动物不吃草

　　在19世纪上半叶，巴黎自然史博物馆有三位著名的教授，分别是居维叶、拉马克和圣伊莱尔。拉马克年龄最大，圣伊莱尔年龄最小，而名声最大的则是乔治·居维叶。

　　这三位科学家有着共同的追求，都是研究动物的人才。他们本是很好的朋友，尤其是居维叶和圣伊莱尔，关系非常要好。可是，随着他们的研究越来越深入，彼此之间为了学术开始争吵，最终居维叶居然和其他两位科学家反目成仇。他利用自己的声望，把拉马克和圣伊莱尔陆续提出的与进化相关的理论无情地踩在了脚下。这是怎么回事呢？

　　居维叶童年时代从母亲那里接受了基础教育，他也因此成为一名虔诚的基督徒。他的父母一直以为儿子会当一名牧师，不过并没有如愿。一来，年少的居维叶非常顽皮，还曾和校长开玩笑，他的恶作剧惹恼了校长，结果因为毕业成绩太差没法踏入神学院的大门；二来，10岁时，居维叶读到了布封的著作，对生物学产生了浓厚的兴趣。虽然老师们都认为他不务正业，还经常没收他的书，但全然没有影响他对生物学的热情。居维叶从大学开始便刻苦研读生物学，一生进行科学研究的目的非常明确，就是为了证明和支持自己的信仰。

　　大学毕业之后，居维叶本来可以去俄国工作，因为当时俄国对欧洲国家的科学进展非常感兴趣，特别希望能引进这些年轻的学者。但是，居维叶不适应俄国的天气，于是选择去法国诺曼底当一名家庭教师。

居维叶到达诺曼底的时候，法国正在进行轰轰烈烈的大革命。虽然他觉得这里的生活很无聊，但也幸运地躲避了巨大的危险。在这段时间里，居维叶只能用研究动物来消磨时间，昆虫、甲壳动物、鱼类和鸟类统统成了他的研究对象。没过多长时间，远在巴黎的圣伊莱尔听说居维叶正在法国从事动物研究，于是热情地邀请居维叶到巴黎工作。居维叶欣然接受了邀请，来到巴黎和圣伊莱尔成了好朋友，并且在自然史博物馆找到了工作。

在潜心研究动物的过程中，居维叶意识到林奈的分类系统有些混乱，他跟好朋友圣伊莱尔分享了自己的发现。圣伊莱尔听到居维叶的想法非常开心，夸奖居维叶是第二个林奈，还鼓励他纠正林奈的错误，这样就能在生物学领域更上一层楼。

居维叶没有辜负圣伊莱尔的期望，他开创了一个新的学科——比较解剖学。在此之前，生物学家一直在研究生物个体，而居维叶认为器官是生物的基础，也是解剖学的基本单位，应该从器官的角度重新研究生物。

不管是对于动物还是人类，关注器官这件事非常重要。早在18世纪，意大利帕多瓦大学的莫甘尼教授认识到某一种疾病总是和某一个器官对应在一起，从此，人们对人体和疾病的认识深入到了器官层次。到了居维叶这里，生物学研究也达到了器官层次。

更重要的是，人体解剖学只关注人这一种生物，而居维叶研究了很多种生物。他发现，在不同的生物身上有着相同或者相似的器官，那么，这些器官有什么关系呢？是不是应该放在一起深入比较一下呢？居维叶认为这对揭开生物的秘密至关重要。就这样，他创立了比较解剖学或者叫比较形态学。

居维叶的研究并不停留在器官的形态上，他还进一步研究了器官的功能，这样才能理解不同器官之间的关系。居维叶认为，每一个生物的各个器官都是相互辅助的，否则生物就没法生存。比如食肉动物需要捕猎，捕猎的过程包括发现猎物、追上猎物、战胜猎物和撕碎猎物。想要做到这些，捕猎者需要发达的视觉、灵敏的嗅觉和高速奔跑的能力，当然，锋利的牙齿和强大的咬合力也必不可少。如此，对于食肉动物来说，这些器官以及它们的功能就是和谐统一的。

有了这样的认识，我们很容易推断出这样的结论：牙齿锋利的动物不应该有蹄子。原因很简单，有蹄的动物是吃植物为生的，它们的牙齿宽大，适合咀嚼植物；它们还有很长的肠子、很大的胃，这些都是为了消化植物而存在的。

这一切都指向居维叶的那个结论，即每个生物的每个器官都是相互辅助的。既然这样，居维叶深信只要给他一枚动物的牙齿，他就可以很快判断出这种动物吃什么，甚至能推

断出这种动物大致的样子。

有了居维叶在动物学领域的努力，他开创的比较解剖学大大推动了生物学的发展进程。

居维叶的挑战：把进化论踩在脚下

自从来到巴黎后，居维叶的科学事业一直顺风顺水，成为法国科学院的秘书。他刚当秘书没多久，科学院就迎来了一位新院长，这位新院长不是别人，正是当时统治法国的拿破仑·波拿巴。

尽管拿破仑是个军事天才，他的科学素养却远不如军事才能，离科学家的水平还差得很远。既然当不了科学家，当个科学院院长过过瘾也不错。一天，拿破仑兴冲冲地来到科学院，以院长的身份参加了科学会议，在这次会议上，居维叶作为秘书宣读了布封的得力助手、解剖学家杜班通的讣告。居维叶的朗读抑扬顿挫、声情并茂，让在场的人瞬间沉浸在痛失科学人才的悲痛中，这个场景给拿破仑留下了深刻的印象。会议结束之后，拿破仑特意向他人询问了居维叶的名字。

从此以后，拿破仑越来越赏识居维叶。当时法国的写作和演说形成一种风潮，人们追求辞藻华丽、语言优美，却忽略了实质性的内容，科学院的科学家们也深受这种风气的影响。然而，居维叶的文章简单明了，总能让阅读他文章的人一目了然，拿破仑非常喜欢这种风格，居维叶的事业因而蒸蒸日上。当时，拿破仑正准备建一所大学，不过，这件事需要在国务会议上进行辩论，论证通过了才能定夺。拿破仑想起了口才出色的居维叶，于是派他参加辩论。居维叶圆满地完成了任务，以精彩的演说说服了参加辩论的每一个人，这让拿破仑非常高兴，随即任命他为教育推广委员。之后，居维叶被派到各个地方去建立大学。当时拿破仑的大军占领了意大利全境，居维叶在意大利的很多城市都建了大学，可以说他在教育领域也是举足轻重的人物。

更重要的是，在教育领域的职务让居维叶掌握了很大权力，他利用这些权力定下了一个规矩。当时，出海的船上都要配备医生，居维叶命令这些医生，只要出海航行就必须收集动物、植物和矿物的标本。就这样，居维叶一下子得到了几百个免费助手。医生们把在世界各地发现的各种稀奇古怪的东西都带回法国，交给居维叶，其中包括很多化石。通过研究这些化石，居维叶发现了很多已经灭绝的动物。拿破仑全力支持居维叶的研究，甚至亲自向欧洲各国政府发号施令，要求他们把发现的化石标本都交出来。拿破仑战绩连连，他命令自己的军队将其他国家的博物馆洗劫一空，这些博物馆里的生物标本和化石自然也落到了居维叶手里。就这样，在研究了无数化石之后，居维叶终于提出了那个大名鼎鼎的理论——灾变论。

灾变论实际上是个地质学理论，但它跟生物学的关系非常密切。因为古代的生物会埋藏在地下形成化石，研究地质学离不开化石，化石对科学家们研究古代生物大有帮助。随着居维叶对地质学和生物学的研究越来越深入，新的问题出现了。化石告诉我们历史上曾经存在过许许多多的物种，可它们为什么会灭绝呢？灾变论正好解释了这个问题。

想要理解灾变论，首先要理解基督徒居维叶，也就是说，他的结论一定是符合《圣经》思想的。居维叶从《圣经》中得到了启发，他认为一定是上帝创造了所有物种，而且只创造了一次。至于物种灭绝的问题，他想到了诺亚方舟的传说。他认为，诺亚造的船未必足够大，诺亚往船上装动物的时候，很有可能只装了其中一部分，像猛犸象那样又大又丑的动物，诺亚就没把它们带上船，所以在大洪水降临的时候，这些倒霉蛋就不幸灭绝了。

在居维叶眼里，《圣经》里描述的大洪水就是灾变，这种灾变改变了地质，也消灭了很多物种。经过灾变之后，海洋淹没了陆地，而海洋的陆地可能凸出海面，形成山脉。此外，这种灾变发生了不止一次，离我们最近的一次发生在六七千年前。那么，这些灾变是缓慢发生还是突然发生的呢？

居维叶明确地指出，灾变是突然发生的。道理很简单，如果这种灾变是缓慢发生的，像猛犸象这样的生物就会本能地跑到安全的地方，怎么会灭绝呢？而在现实中，它们确实灭绝了，这就说明灾变发生得实在太快了，它们根本来不及跑。根据灾变论，地球上的生物是跳跃式发展的，不同生物之间没有任何联系，也没有过渡状态可言。不过，问题又来了，如果一片土地遭遇了灾变，生存在那里的所有生物都灭绝了，那么，地球上现存的生物又是从哪里来的呢？

居维叶认为，灾变虽然发生了，但未必是整个地球都遭受了这样的苦难，总有些地方幸免于难，因此，那里的生物存活了下来。既然灾变是突然发生的，那么，在灾变发生之后幸存下来的动物就会发生迁徙，去往其他适合它们生存的地方。

按照居维叶的解释，科学发现和基督教的观点实现了高度统一。也就是说，不管是地质学变化还是物种灭绝，依然是被上帝的力量决定的。

　　还记得距离进化论的提出只有一步之遥的拉马克和圣伊莱尔吗？作为居维叶的同事，显而易见，他们的科学观点产生了巨大的分歧，居维叶的灾变论彻底否定了他们的发现。这样的冲突会以什么结果收场呢？

　　第一个出局的是拉马克。1811年的一天，拿破仑去视察科学院，垂垂老矣的拉马克手捧着《动物哲学》想要献给拿破仑，因为这部书里记载了他毕生关于物种进化的重要思想。看到这位年迈的科学家，拿破仑很不情愿地接过了他递过来的书，看都没看一眼就顺手交给了自己的随从。为了不再跟拉马克说话，拿破仑转身小跑着离开了。

　　拉马克的思想如此重要，却遭到了如此冷遇，他孤独的身影就是以这样悲凉的方式告别了科学界，实在令我们扼腕叹息。与其说打败他的是科学观点的不同，倒不如说是拿破仑的态度扼杀了他的成果。接下来，就是圣伊莱尔和居维叶的短兵相接了。

　　要知道，尽管按照我们这本书讲故事的顺序，咱们先认识了圣伊莱尔，然后才认识了居维叶；但在真实的历史上，是居维叶先提出物种之间没有任何关系，之后才是圣伊莱尔提出器官同源学说。

当圣伊莱尔在学术会议上宣读自己观点的时候，居维叶正在台下。他听到圣伊莱尔这样驳斥自己的学说，气得忍不住站了起来，但他并没有当场反驳圣伊莱尔，而是决定回去深思熟虑之后彻底打败这位曾经的朋友。就这样，一场激烈的大论战开始了。这次论战持续了很长时间，吸引了整个欧洲学术界的注意力。以今天的眼光看，毫无疑问，拉马克和圣伊莱尔的进化思想更接近科学的真相，但是在当时，居维

叶以渊博的知识和雄辩的口才屡占上风。

在进行辩论的时候，居维叶一边滔滔不绝地演讲，一边不停地拿出各种标本，不断地质问圣伊莱尔在这些差异巨大的动物身上，到底哪里能体现出"同源"？

居维叶举出的例子丰富而有力，他本人知识渊博、记忆力惊人、思维缜密、头脑冷静，还掌握了无数标本作为证据。圣伊莱尔的研究虽然也很深入，但还是不能完全回答居维叶提出的问题，于是，渐渐灰头土脸地败下阵来。最终，居维叶提出了"致命一击"：既然你和拉马克的理论说环境可以改变生物，那么，为什么有些生物被改变了，有些生物没有被改变呢？

圣伊莱尔对这个问题没有任何准备，毕竟他和拉马克的理论还有很多不完善的地方。面对居维叶的攻势，圣伊莱尔只能支支吾吾地回应，大概环境也不能改变所有的生物吧。此时，在场的所有人都知道，居维叶已经取得了最终的胜利。就这样，居维叶毫不留情地打败了自己曾经的朋友，他的灾变论在此时获得了胜利。不管是圣伊莱尔的器官同源学说，还是拉马克的环境改变物种、用进废退学说，全被居维叶踩在了脚下。

这场激烈的争论开始于1830年，从这一年开始，科

学界似乎离进化论越来越远了。只是谁也没有注意到，就
在这一年，英国政府正在组织一次环球航行，一位青年学
者参加了这次航行，而他有一个世人皆知的名字——查尔
斯·达尔文。

第九章　19世纪

改变世界的航行

罗伯特·菲茨罗伊（Robert FitzRoy，1805—1865）
查尔斯·达尔文（Charles Robert Darwin，1809—1882）

19世纪的英国在全世界建立了海洋霸权，菲茨罗伊船长借此机会进行了一次著名的环球航行。航行中，他有效地利用了航海时收集的气象信息，开创了一个新的科学研究领域。环球航行时，菲茨罗伊船长带了一位年轻的科学家，让他万万没想到的是，这位年轻科学家的光彩照亮了一个时代。

菲茨罗伊的启发：我能预测未来，但我猜不透达尔文

乍一看，进化论和天气预报是毫不相干的两回事，但在19世纪，这"两回事"存在共性——挑战了上帝的权威。

在基督教的观念里，上帝无所不能，不但掌握着过去，还把控着未来。而进化论重在回顾过去，它告诉世人生物的

出现由不得上帝；天气预报则试图预测未来，告诉人们可以了解天气变化的规律。

有趣的是，天气预报的开创者是一位虔诚的基督徒，他坚定地反对任何挑战上帝权威的事。在他看来，进化思想就是挑战上帝权威的典型，所以他顺理成章地成为进化论的坚决反对者。更有趣的是，在查尔斯·达尔文提出进化论的过程中，这个人不但帮了大忙，甚至可以说，正是他亲自把达尔文带到了进化论的大门前。

这个开创天气预报先河的人出身高贵、学识渊博，当过海军中将，领导过一次著名的环球航行，不仅如此，他还曾担任新西兰总督。无论哪项成就都足以让他青史留名，可在今天他的名字并没有被世人所熟知。这究竟是怎么回事呢？这个人到底是谁？

他叫罗伯特·菲茨罗伊，是一位英国贵族，并且不是一般的贵族，他是英国国王查理二世的后代——正经八百的王室后裔。不过，英国的王室后裔没什么权力，因为英国在几百年前就开始实行君主立宪制。简而言之，国王虽然名义上是国家元首，但并没有权力对国家大事指手画脚，那时英国权力最大的人是首相。菲茨罗伊的爷爷格拉夫顿公爵是国王的私生子，所以不受王室不许参政的限制，后来当上了英国首相，使得菲茨罗伊成为首相的后代；菲茨罗伊的爸爸也毫不逊色，不但是将军，还是议员；他还有个厉害的舅舅——著名的政治家罗伯特·斯图尔特，当时的人们常称他为卡斯尔雷勋爵。这位舅舅曾担任英国的外交大臣，正是在他的努力下，欧洲各国联合起来最终打败了拿破仑。对于整个欧洲乃至整个人类历史来说，这位舅舅都是值得一提的人物；而对于菲茨罗伊来说，他的童年时代有事业蒸蒸日上的舅舅护佑，自然养尊处优，顺风顺水。总之，菲茨罗伊家世显赫，不仅如此，贵族光环下的菲茨罗伊从小就特别努力。拿破仑被打败之后，英国成为世界霸主，这个时候的英国人觉得他们应该去探索世界的每一个角落。

于是，1825 年，英国组织了一次探险活动，目的是考察南美洲附近的海洋。在这次探险进行到一多半的时候，菲茨罗伊担任了船长。可别小看船长这个职务，当时英国海军的船长是要竞争上岗的，按照规定，有船可指挥的船长拿全额工资，没有船可指挥的船长拿一半工资，还只能在岸上等着别的船长腾出位置来。这样一来，出海的船长必须水平高、经验足。菲茨罗伊船长带领探险队克服重重困难，到达了南美洲的最南端，对于当时的欧洲人来说，这里几乎就是世界的尽头了。能到达这里正是凭借菲茨罗伊出色的航海技术，不过对他自己而言，更辉煌的事业还在后面。

1830年，菲茨罗伊接到了环球航行的新任务。本来他计划只用6个月的时间进行短期考察，后来他改变了主意，决定花几年时间完成深度探险。在出发之前，英国海军为菲茨罗伊设计了特别详细的计划，要求他把海岸和海湾的地图描绘出来，还要测量航道水的深度，更重要的是记录世界各地的天气情况。在长达5年的环球航行中，不论是海上凶猛的风浪，还是陆地上各种未知的环境，都大大增加了此次航行的危险系数。

菲茨罗伊化解了重重危机，带回来大量绘制精细的地图，图上还有详细的注解和航海指南，此次航行可谓大获成功，这些珍贵的地图后来被沿用了100多年。此外，菲茨罗伊记了大量的航海日志，里面有很多关于天气情况的资料。更厉害的是，在这次漫长的航行中，菲茨罗伊的船上居然没有一个人因为暴风、雷电等自然灾害丧命，这在当时简直是个奇迹。菲茨罗伊之所以能把所有的船员平安带回来，正是因为他相信科学，特意在自己的船上安装了避雷针，有效地避免了雷电对船只的威胁。果不其然，在结束探险回到英国之后，菲茨罗伊走向了科学研究的道路。

菲茨罗伊先是担任了议员这样一个重要的职位，可是，他不喜欢政治家之间的钩心斗角，就去新西兰当了一段时间总督，可他还是不喜欢这个职务。直到1854年，菲茨罗伊终于找到了心之所向，成为贸易委员会气象局的气象统计专家。

菲茨罗伊首先设计出了新型的气压计，因为在风暴来临之前，大气的气压会发生改变，所以气压计对预测天气变化非常有用。随后，他写了一本书，名为《气压计与天气手册》，这本书只有25页，但特别实用，就算是一个完全不懂气象学的人，看了这本书之后也能很快地掌握记录各种天气数据的本领。有了这样的基础，菲茨罗伊继续向前走，开始研究天气预报。有了天气预报，船只就能尽量避免暴风雨的威胁，这在当时非常必要。不光是航海家，连老百姓也对天气预报十分感兴趣，毕竟英国是一个经常下雨的国家，如果人们能提前知道今天会不会下雨，出门前就可以决定带不带伞了。直到今天，我们出门前，尤其是出远门前，还有要看看当地和目的地的天气预报的习惯，就是从菲茨罗伊开始的。"天气预报"的英文单词是forecast，这个词也是菲茨罗伊创造出来的。

奇怪的是，为什么今天我们对菲茨罗伊这个名字并不是很熟悉呢？让我们回顾一下他的探险故事。

　　菲茨罗伊极其热爱科学，在进行环球航行之前，生怕自己在这几年时间里没有办法了解到最新的科学知识，因此，他决定带上一位知识渊博的学者。再加上菲茨罗伊的脾气很暴躁，这位学者还有另外一项重要的任务，那就是在菲茨罗伊船长对船员发脾气的时候，由他来调解船长和船员之间的关系。只是菲茨罗伊万万没想到，这位随船的年轻学者后来在科学界大放光芒，同时代的科学家在他面前都显得暗淡无光。想必你已经猜到这位年轻学者的名字——查尔斯·达尔文。

　　就这样，虽然菲茨罗伊有很多身份，王室后裔、海军中

将、新西兰总督、探险家、科学家、天气预报的开创者……
但是，人们对他印象最深刻的身份是"带达尔文环球航行
的人"。

查尔斯・达尔文的足迹：小猎犬号航海记

1809年，查尔斯・达尔文出生在英国，他的祖父和父
亲都是著名的医生，在达尔文8岁的时候，他的母亲就去世
了，之后姐姐将他抚养长大。

达尔文从小就记忆力惊人，兴趣爱好非常广泛，特别是
一些复杂的问题，总是能引起小达尔文的注意。在众多学科
中，达尔文最爱博物学，童年时期的他就热衷于收集各种各
样好玩的东西，比如贝壳、钱币和矿石。

母亲还在世的时候，经常教小达尔文认识各种花草，父
亲也经常驾上马车带他去郊外采集标本。丰富的童年经历深
深影响了达尔文，从那个时候开始，达尔文就立志成为研究
动植物分类的科学家。

10岁时，达尔文读到了亚历山大・冯・洪堡的作品，
他的心里埋下了一颗种子——一定要走遍世界。很遗憾，学

校的老师都觉得达尔文的想法不现实，纯属不务正业。显然他们错了，无论对达尔文还是对我们来说，好奇心和梦想都是最宝贵的财富。

在整个家族之中，只有舅舅约书亚·韦奇伍德支持达尔文从事博物学研究。约书亚舅舅沉默寡言，却对达尔文十分偏爱。舅舅非常富有，家里有个藏书丰富的图书馆，达尔文可以在这里尽情快乐地读书学习。约书亚舅舅还鼓励达尔文把自己观察到的一切都尽可能详细地记录下来，不但要配有精美的插图，那些叙述性的文字尽量也要优美、准确。对于一位出色的科学家来说，高超的文字水平是非常必要的，就这样，达尔文培养出了流畅而细腻的文笔。

在达尔文该上大学的时候，作为医生的父亲认为他应该去爱丁堡大学接受医学教育，可是，达尔文本人并不喜欢学医，不想去爱丁堡上学。这时候舅舅劝他，想当博物学家一定要学习生物学和生理学，爱丁堡大学的这两门课非常棒。听了这些话，达尔文直奔爱丁堡而去。

在爱丁堡大学读书时，达尔文并不孤单，他的哥哥也在这里学医。兄弟俩极其勤奋，学校图书馆在进行借阅统计的时候发现，他们是学校里借书最多的学生。由于达尔文家族出了很多名医，学校对达尔文的前途非常看好，所有人都认为他将来也一定会成为名医。但是，达尔文的内心善良而脆弱，医生会经常看到患者们饱受病痛的折磨，达尔文无法承受这些人间疾苦。有个小故事可以了解达尔文的个性。达尔文小时候，曾和表姐一起去钓鱼。表姐不忍心把蚯蚓活生生地穿在鱼钩上，于是，她告诉达尔文应该先用盐水浸泡蚯蚓，这样能让它们毫无痛苦地死掉，然后再用它们做鱼饵。达尔文是个钓鱼爱好者，他从此再也没用活蚯蚓做过鱼饵。

虽然不喜欢学医，但在学习期间达尔文并非一无所获，他听了不少动物学和地质学课程，这对他后来的研究非常有帮助。就算这样，他还是在1827年离开了爱丁堡大学。退学之后，达尔文先是为自己安排了一场优哉游哉的自助游，然后跑去投奔舅舅。舅舅不但没有批评他，还带他去伦敦和巴黎游玩。当舅舅带着达尔文放飞自我的时候，达尔文的父亲正在家里忧心忡忡。他生怕达尔文一事无成，于是，在父亲的建议下，达尔文在1828年到剑桥大学学习神学，这样毕业之后还能当牧师。

虽然达尔文没有违背父亲的意愿，但他的兴趣始终停留在自然科学上，对生物学的兴趣最为浓厚。达尔文曾讲过这样一个故事，在剑桥上学的时候，有一次他无意间发现了两只罕见的甲虫，于是，他两手各抓住一只。这个时候，忽然出现了第三只甲虫，达尔文哪只都不想放掉，只好把右手的甲虫塞进嘴里，空出手去抓第三只。只是他没想到嘴里的甲虫排出了非常辣的液体，不得不把它吐出来，而刚才想抓的甲虫早就飞走了。在剑桥学习的经历让他十分难忘，达尔文曾在回忆录里写道，这段时间是他一生中最幸福、最快乐的日子。

1831年，22岁的达尔文从剑桥大学毕业了。也正是在这一年，他读到了亚历山大的著作《南美洲旅行记》，让他下定决心要像自己的偶像一样，进行一次全球航行。恰好在这个时候，菲茨罗伊船长联系了亨斯洛教授，希望他能够推荐一位年轻的博物学家一起环球航行。这对达尔文而言是天大的好事，但是，想要实现这个计划并不容易，因为他需要一笔不小的经费。

达尔文的父亲希望他赶紧去当牧师，因此，尽管很富有也不愿意支援儿子。但是，父亲并没有完全打击儿子，而是告诉他如果能找到一位有见识的人同意他去环球航行的话，自己也没有意见。达尔文毫不犹豫地找到了他心中最有见识的人——亲爱的约书亚舅舅。舅舅非常支持达尔文环球航行的决定，两人一起说服了达尔文的父亲。

有了父亲的同意还不够，还得获得船长的认可。达尔文见到菲茨罗伊船长的时候，船长看了他一眼就表示达尔文不适合航行。坚持不懈的达尔文自然不会放弃这次难得的机会，使尽浑身解数终于说服了菲茨罗伊船长。后来，他跟菲茨罗伊船长熟络了以后才知道，船长之所以对他的第一印象不好是因为他的鼻子。要知道，当时的解剖学已经很发达了，解剖学家认识到大脑是掌握人类思维的器官，那时的解剖学家认为大脑的情况会体现在颅骨上，因此，只要观察颅骨的形状就能了解人的性格。以今天的眼光看，这是彻头彻尾的迷信，但在 19 世纪，人们把它当成一门科学来研究。菲茨罗伊船长就是从鼻子判断达尔文的性格不够坚定，不过，事实证明他错了。

1831 年 12 月 27 日，达尔文作为一名博物学家，跟随英国皇家海军的"小猎犬号"开始了环球航行。在航行过程中，达尔文出现了严重的晕船反应，但他全靠意志力坚持了下来。他听取了亨斯洛教授的建议，随身带了很多书籍，一来读书可以分散注意力，减轻晕船的症状；二来即使在航行途中也能不断学习知识。除了读书，达尔文坚持每天花费两三个小时写航海日记和考察报告，这些练习大大提升了他的写作能力。正是因为没有浪费一分一秒，达尔文称这次航行让他的头脑第一次得到了真正的训练。

在环球航行期间，达尔文和菲茨罗伊船长保持了良好的关系。达尔文发现了一种新的海豚，将其命名为"菲氏海豚"；菲茨罗伊船长发现了新的山脉，也以达尔文的姓名命名。达尔文在自传里说："小猎犬号的航行是我一生中极其重要的一件事，它决定了我的整个事业。"

首先，达尔文看到了世界丰富多彩的一面，他从书本里学到的传统的、陈旧的观念被动摇了。其次，他收集了大量标本，这些珍贵的标本成为他研究进化论的基础。此外，此次航行让他决定彻底放弃当牧师，要把自己一生有限的精力全部投入到自然科学的研究中。

1836年10月2日，达尔文结束了环球航行回到英国。

现在，他已经做好了一切准备，蓄势待发，在接下来的几十年里，他将全身心从事进化论的研究。不知道此时的达尔文是否能料到，他的理论将会彻底改变全人类认识自己和自然界的方式，在全世界引起轩然大波。不管怎样，属于达尔文的时代即将到来……

第十章 19世纪

缤纷的生物世界从何而来

查尔斯·莱尔（Charles Lyell，1797—1875）
查尔斯·达尔文（Charles Robert Darwin，1809—1882）

　　根据居维叶的灾变论，不管是地质学变化还是生物学变化，世界的任何变化都是突然发生的。可是,19世纪的地质学家发现，地质变化是缓慢发生的，这个发现直接启发了查尔斯·达尔文。结合之前诸多科学家的发现，达尔文认为物种确实会缓慢发生变化，并且只有那些帮助生物适应环境的变化能够保留下来，这就是"物竞天择，适者生存"。不过，达尔文却迟迟没有公布自己伟大的发现，这是为什么呢？

查尔斯·达尔文的朋友：
地质学和生物学密不可分

　　1836年，达尔文回到英国，第二年搬到了当时的学术中心伦敦。在这里，他发表了一系列地质学文章，这个时候的他看起来更像是位地质学家。达尔文还结识了日后的好友——地质学家查尔斯·莱尔。这个查尔斯·莱尔是谁呢？

查尔斯·莱尔是19世纪英国著名的地质学家，被誉为"现代地质学之父"。莱尔一生中进行了很多次科学考察，亲自观察了西西里岛上有名的埃特纳火山。在这个过程中，他思考了一些很关键的问题，比如居维叶所说的"灾变论"是正确的吗？大地真的会突然间发生剧烈的变化吗？恰好在这个时候，他了解到拉马克的进化理论，意识到生物逐渐发生变化的可能性。既然生物可以发生缓慢的变化，为什么大地不可以呢？

就这样，在拉马克的影响下，莱尔提出了"渐成论"，他认为地质形态也是缓慢发生变化的，导致这种变化的动力来自自然界的多种力量。提出渐成论后不久，莱尔出版了《地质学原理》第一卷。在这部书里，莱尔用自然力学说而不再是超自然力量解释了自然界的变化。也就是说，莱尔利用地质学知识证明了地质形态的变化是有自己的客观规律的，并不是神灵的力量决定了这一切。

这本书引起了亨斯洛教授的注意，达尔文去航海之前，亨斯洛教授就特别提醒他一定要带上这本书在航海时好好读一读。达尔文照做了，在5年航行期间，其实他只有一小部分时间在船上，大部分时间都在陆地。他一边读着《地质学原理》，一边仔细观察不同地区的岩层和泥土，想要揭开地球的秘密。

在《地质学原理》的字里行间，达尔文读懂了莱尔的思想：地质形态可以缓慢地、逐渐地发生变化。而灾变论告诉大家不管是地质形态还是生物的特性都是突然发生变化的。可是，现在莱尔驳斥了居维叶关于地质形态方面的理论。简而言之，居维叶错了！既然居维叶在地质学方面存在错误，那么，他关于生物学的说法会不会也有问题呢？难道生物就不会发生缓慢的变化吗？伴随着环球航行和《地质学原理》的启发，这些问题在达尔文的脑海里挥之不去。

今天，当我们提起达尔文的进化论的时候，一定会想到这个理论认为生物的变化也是逐渐发生的。显而易见，达尔文的进化论受到了莱尔渐成论的影响，物种不但会发生改变，而且是缓慢地发生改变。这种"逐渐变化"思想的传承脉络非常清晰，拉马克影响了查尔斯·莱尔，查尔斯·莱尔影响了达尔文。渐成论的影响不止于此，它不但质疑了居维叶的灾变论，更质疑了神创论的种种说法。

达尔文当然知道"质疑"的严重性，可现在他的想法和神创论产生了强烈的冲突，这让他非常困扰。更何况，爷爷伊拉斯谟·达尔文当年含糊地提出进化思想就引起了轩然大波，过往的经历让达尔文惴惴不安。于是，他决定不急于公布自己的发现，而是花费更多时间深入研究、严密论证这个理论，等到它足够成熟的时候再公之于众。

回到英国后的几年时间里，达尔文过上了稳定的生活，他和舅舅的女儿，那位当年一起用蚯蚓钓鱼的表姐结了婚，婚后的生活非常幸福。达尔文的妻子聪明、贤惠、有见识，她不但在伦敦的学校读过书，还跟随自己的父亲多次游历欧洲，掌握了德语、法语、意大利语等多种语言。正是有了她的关怀和支持，达尔文才能全身心地投入到进化论的研究中。要知道，环球航行严重损害了达尔文的健康，在伦敦生活的几年时间里，他时不时就会生一场小病，对他的研究工作影响很大，能够坚持下来和妻子的悉心照顾是分不开的。

也正是在伦敦生活期间，达尔文的思想发生了重大的转变。他发现自然界里的每一件事物、每一种现象都可以用科学理论来解释。1838年10月的一天，一位法国科学家的理论引起了达尔文的重视，他就是著有《人口原理》的托马斯·罗伯特·马尔萨斯。在这本书里，马尔萨斯提出了自己对于人类未来的深深忧虑。在他看来，战争和瘟疫迟早要降临在人间。这到底是为什么呢？

马尔萨斯算了一笔很简单的账。他发现，人类社会粮食增长的速度很快，但人口增加的速度更快，长此以往肯定会出现粮食供不应求的问题。简单地说，粮食的增长是按照"1、2、3、4、5……"这样的规律增长，而人口是按照"1、2、4、8、16……"这样的规律增长。如果他的理论是正确的，那么，粮食确实会不够吃。一旦出现了这样的情况，就会发生前面提到的战争和瘟疫，进而导致人类大规模的死亡，这是非常可怕的景象。马尔萨斯认为，想要避免这种情况就必须严格控制人口增长的速度，否则灾难就会降临。问题是马尔萨斯说的这些到底对不对呢？现在看来他的观点并不正确，伟大导师马克思和恩格斯都曾对他的理论进行过批评。

达尔文却觉得马尔萨斯说得特别对，并且一直很崇拜他。马尔萨斯认为灾难是一定会降临人间的，那么，什么样的人能活下来呢？又是什么样的人会死掉呢？马尔萨斯的答案是，在争夺生存机会的时候，人和人之间会发生竞争，胜利者才能获得活着的机会。在这样的描述中，达尔文看到了两个字——竞争，而"竞争"这个概念成为进化论的重要基础。

此时，达尔文为进化论出现做的准备基本就绪。在达尔文之前，众多科学家陆续提出了几个重要的概念：适应、物种可变、渐成论和竞争。达尔文现在要做的就是整理这些前辈以及自己的思想，梳理出能够支持这个理论的生物和化石证据。

为了能够更好地从事研究，达尔文决定远离伦敦这个喧嚣的城市，到乡下去安静地完成自己的工作。于是，在父亲和舅舅的资助下，他购买了一间乡间别墅，终于找到了适合研究的绝佳场所。

万事俱备以后，达尔文到底研究出了什么？

查尔斯·达尔文的顾虑：
我发现了大秘密，但我不想说

达尔文提出的进化论中最核心的观念是"适应"。

他认为生物会繁殖后代，在繁殖的过程中，一方面能把自己的特性遗传给后代，另一方面后代又和父母不完全一样，总是发生或多或少的变异。那么，这些变异有哪些会被保留下来，又有哪些会被淘汰呢？很简单，凡是适应环境的变异就会被保留下来，不适应的就会被淘汰。

请注意，"适应"并不是说变得更好、更强的就生存下来，而是适应环境的才能生存下去。比如，人们养母鸡是为了让它们长肉、下蛋。在这群母鸡里，长肉快、下蛋多的会被留下来；反之，长肉慢、下蛋少的就被淘汰掉了。在这一代母鸡中，人们筛选出了长肉最快、下蛋最多的那些，繁殖出它们的后代，而在这些后代中，人们还要继续进行这样的选择——选出合人心意的母鸡。经过一代又一代的精心挑选，人们终于得到了最喜欢的母鸡，它们长肉最快、下蛋最多。

　　通过这个例子我们可以看到，并不是母鸡本身变强了，而是变得更适应人类的需求。如果我们到养鸡场里看一看，会发现这些母鸡活得并不快乐。它们生活在狭小的笼子里，从孵出蛋的那一刻开始就只能拼命长肉或者拼命下蛋，终其一生都见不到外面的世界。但是，单纯从"适应"的角度来看，它们无比成功，因为这些母鸡成功地延续了自己的种群。今天，全世界饲养着几百亿只母鸡，从进化的角度来评判，它们的确取得了巨大胜利，只要人类需要鸡肉和鸡蛋，母鸡这种生物就会一直存在下去。

　　我们还能够看到，母鸡的进化过程完全取决于人类的喜好和需求，这就是所谓的"人工选择"。达尔文认识到人工选择之后，开始进一步思考在大自然中是否也存在着这样的过程。

他回想起自己在小猎犬号航行时的一段见闻。小猎犬号曾经穿越浩瀚的太平洋，到达了加拉帕戈斯群岛。所谓群岛，就是在一定范围内聚集着大大小小一堆岛屿。达尔文惊奇地发现，这座群岛上的鸟非常特殊。这些鸟的特殊之处在于，在不同的小岛上总能见到非常相似的鸟，但如果细看，这些鸟又不太一样，它们的嘴存在差别。为什么相似的鸟会有不同的嘴呢？

达尔文认为，这些岛上一开始并没有这种鸟，在很多年前，这种鸟的祖先来到了这座群岛。不同小岛上的环境是不完全相同的，这些鸟能吃到的食物不一样，随着时间的推移，鸟的嘴巴发生了变化。也就是说，它们所在的小岛有什么样的食物，鸟的嘴就逐渐变成了适合吃这种食物的样子。

我们看到，在这个故事里，最初到达这座群岛的鸟繁衍出了很多后代，但并不是所有的后代都能存活下来。只有那些适应当地环境和食物的鸟类个体能获得更多的存活机会。假设在某一个岛上，这些鸟只有外壳坚硬的坚果作为食物，那么，那些嘴更硬、咬合力更强的鸟活下来的概率更大。而这个过程在一代又一代的鸟类中缓慢而不间断地发生着，经过筛选，最终在这个小岛上生存下来的鸟一定都有着坚硬且

咬合力特别强的嘴。自然环境对物种进行了筛选，这就是所谓的"自然选择"。

　　通过选择理论，达尔文告诉我们：物种的特性会遗传，遗传的过程中会发生变异。在不同物种或相同物种之间，这些生物的后代存在竞争关系。在竞争的过程中，适应环境的个体被保留下来，不适应的被淘汰了。

　　明白了这一点，我们就能找到拉马克理论存在的错误。拉马克认为，进化是有方向的，是从低级到高级前进的。但是，达尔文的进化论告诉我们，进化的过程就是适应的过程，既没有什么特殊的力量指引着进化，也几乎没有"高级"这个方向。

今天，我们能看到的物种千姿百态，它们在结构上或复杂或简单，却没有"高级""低级"之分，可以说，能够存活到今天的物种，都是进化的胜利者。不管是世界上最大的动物蓝鲸，还是我们靠显微镜才能看见的细菌，包括我们自己，都经受住了进化的层层考验。

这也解释了另外一个问题：人类是猩猩的后代吗？当然不是。我们今天看见的猩猩当然也经历了进化的过程，但它们和几百万年前的祖先并不相同，在漫长的时间里，猩猩也发生了变化。因此，可以说，人类和猩猩有着共同的祖先，但猩猩绝对不是人类的祖先。

提出了人工选择和自然选择理论之后，达尔文还有一个问题始终解释不了，那就是为什么很多鸟类都要拖着一个华丽的尾巴？这样的尾巴既不能让它们飞得更高、更快、更远，也不能帮助它们寻找食物，反而更容易让它们暴露在食肉动物面前，增加生存危险。自然选择理论解释不了这个问题，如果按照人工选择理论解释，这些鸟类毫无价值的尾巴是被人饲养出来的，是人类的审美改变了它们。可是，大多数鸟类并不是被人类饲养的，而是在自然界中形成了这种样子，这又该怎么解释呢？

为了弄清楚这个问题，达尔文提出了性选择理论。比如

孔雀的尾巴异常华丽，虽然对于它们生存和寻找食物没有任何价值，但能够帮助它们求偶，这对繁殖后代也是必不可少的。雌性孔雀更喜欢那些尾巴漂亮的雄性孔雀，而对于雄性孔雀来说，如果尾巴不够漂亮就找不到自己的另一半，自然也就不能繁育后代。这个过程和人工选择有点相似，只不过人工选择的决定权在人类手上，性选择的过程决定在雌性鸟类那里。

　　这就解释了一个重要的问题：在大自然中，为什么往往雄性动物更漂亮？鸵鸟就是个典型的例子，雄性鸵鸟黑白相间，雌性鸵鸟却没有这样好看的颜色。是因为雄性鸵鸟漂

亮的羽毛方便求偶，雌性鸵鸟的灰色羽毛是一种有效的保护
色，让它们在自然界更安全。请注意，进化论的前提是生物
会把自己的特性遗传给后代，这是遗传学研究的领域了。但
是，在达尔文生活的年代，科学家们并不知道什么是基因、
什么是DNA。

当遗传学得到长足发展以后，进化论必将受到一番考
验。当然，我们知道，在之后的上百年时间里，进化论经受
住了遗传学的考验，而且得到了遗传学有力的支持。甚至
可以说，进化论和遗传学相辅相成，它们相互关联，不分
彼此。

在乡村别墅生活的几十年里，达尔文系统地整理了大量
资料，梳理了各种思想，一言以蔽之，进化论在此时已经相
当完善了。但是，达尔文始终觉得自己的工作做得还不够，
因为他清楚地知道，只要公开发表这些具有颠覆性的理论，
定然会引起轩然大波。他的朋友们不断催促他，希望他能赶
紧把这些重要理论展示给全世界的科学家。固执的达尔文不
为所动，继续安然地藏在乡间别墅里对进化论进行更加细致
的修修补补。

只是谁也没想到，突如其来的事件打乱了达尔文的节
奏，让他不得不把进化论公之于众……

第十一章　19 世纪

进化论面世

阿尔弗雷德·拉塞尔·华莱士（Alfred Russel Wallace, 1823—1913）

环球航行结束后，达尔文拥有了一段闲暇时光。他计划深思熟虑之后，把自己的发现写成书。就在他专心创作的时候，一位名叫华莱士的年轻科学家寄给他一封信，直接打破了达尔文的计划。原来，华莱士也提出了进化论，虽然不如达尔文的完善，但他同样正确地阐述了进化论最核心的观点。最终，他们的论文被一起宣读，进化论就这样登上了历史舞台。经过了漫长的时间，人们终于知道了"人类从何而来"这个问题的答案。

罗伯特·布朗之死：我的离开改变了科学进程

经过长时间的准备，达尔文的朋友们都鼓励他尽快公开发表进化论的观点。他们担心时间拖得太久，其他人一旦研究出了相同的成果并抢先公之于众，那么，达尔文精心钻研的理论就会失去优先权，他20年来的辛苦努力会在一瞬间付之东流。

在好朋友、地质学家查尔斯·莱尔的劝告下，达尔文终于决定要把进化论的相关内容写成书籍出版。从1856年5月开始，达尔文全身心投入到创作之中，此时距离他结束环球航行回到英国已经20年了。

一开始，达尔文规划的写作篇幅相当宏大，内容足足比后来正式出版的《物种起源》多了三四倍。达尔文是一个非常严谨的人，在写作过程中，他尽可能收集资料，列举更多的证据。事实上，这些资料的搜集整理十分必要。由于居维叶在科学界的地位太高，并且他的灾变论压倒性地击败了拉马克和圣伊莱尔的理论，当时的科学界坚信"物种不变"。也就是说，哪怕达尔文在关于进化论的论述中只是出现一点点疏漏，一定会被其他科学家诟病。

为了避免出现这样的情况，达尔文辛勤地工作了两年，直到1858年才写完了《物种起源》的前10章。可是，就在这个时候，他生病了，极大地延缓了写作计划。另一件事给了他更大的打击。这一年，达尔文居住的村庄出现了猩红热，这是一种非常严重的传染病，达尔文的儿子被这种疾病夺走了生命。尽管达尔文悲痛不已，但他依然保持着当年在小猎犬号上磨炼出来的坚强意志，继续坚持写作。也正是在这个时候，达尔文对自己的朋友说，虽然会耗费更多时间，但他一定要把这本书写得尽善尽美才出版发行。不过，一件意想不到的事情彻底改变了他的计划——罗伯特·布朗去世了。

罗伯特·布朗是谁？为什么他的去世对达尔文影响如此之大？

罗伯特·布朗是 19 世纪英国最重要的植物学家之一，直到今天，在你的中学教材里，罗伯特·布朗的名字和成就都出现了不止一次。比如他命名了细胞核，对细胞学说的提出意义重大；再比如在物理教材中学到的布朗运动，正是罗伯特·布朗描述了这个现象之后，才由爱因斯坦对它的原理进行了科学解释。

在达尔文研究进化论期间，罗伯特·布朗担任英国林奈学会的会长。我们已经知道，林奈学会是英国重要的科学机构，罗伯特·布朗能担任这样的职务，足以说明他在当时英国科学界举足轻重的地位。

达尔文结束环球航行后在伦敦居住的那段时间里，经常和罗伯特·布朗沟通交流。当时的达尔文是个精力充沛的年轻人，在他眼里，罗伯特·布朗虽然具有极其敏锐和准确的观察能力，但毕竟已经功成名就，生怕犯错有损自己的声誉。也就是说，达尔文和布朗虽然都是伟大的科学家，但他们面对的情况不同，布朗并不能给达尔文提供有效的帮助。在达尔文研究进化论的过程中，布朗也没有参与其中。既然是这样，布朗的去世又怎么会影响到达尔文呢？

别忘了，当时没有互联网，科学家如果想要公布自己的科学发现，一定要在林奈学会这样的科学组织中进行。不过，那时的林奈学会效率非常低下，想要组织一次学术活动，通常需要准备好几个月，年轻的科学家想要在这里宣读论文，并非易事。

不过，1858年，一位年轻人给罗伯特·布朗写了一封信，希望布朗能给他安排一次宣读论文的机会，布朗欣然同意了。他为这位年轻人安排了一次林奈学会的学术会议，时间定在1858年6月。这位年轻人叫作华莱士，虽然他比达尔文年轻很多，但他们的经历很相似。华莱士也是个生物学家，也进行了探险和科学考察，更重要的是，他也提出了进化论！

需要指出的是，今天，我们认为华莱士和达尔文分别独立地提出了进化论，完全不存在相互抄袭的现象。当时，因为达尔文的谨慎，他的《物种起源》拖到1858年还没写完，而华莱士没有那么多顾忌，直接联系了罗伯特·布朗。没错，他想要宣读的论文正是自己关于进化论的成果。也就是说，如果华莱士在达尔文之前发表了论文，那么，提出进化论这顶桂冠可能就不属于达尔文了。但是，就在林奈学会即将宣读华莱士的论文时，安排这次学术活动的罗伯特·布朗去世了，时间是1858年6月10日，这次学术活动自然被取消了。

而罗伯特·布朗的意外去世，彻底改变了进化论的发表进程。

华莱士的遗憾：如此重要的理论，如此低调地登场

就在这个时候，达尔文也收到了华莱士的论文，当他看到这封信的内容时，顿时感觉浑身发冷——华莱士的结论和他20多年来的研究成果基本相同！

这种情况让达尔文很难抉择：如果任由华莱士发表论文，那么，自己这么多年来的努力虽然不算完全白费，但他

不再是那个第一个提出进化论的人；如果利用自己跟其他科学家的关系率先发表研究成果，那么，虽然能抢到优先权，但这样做有仗势欺人的嫌疑，不够光明磊落。在名誉和人品之间，达尔文到底会做出怎样的选择呢？

伟大的科学家达尔文彰显了崇高的品格，在经过充分的思考之后，他决定尊重华莱士的发现，还满足了华莱士希望更多科学家看到自己成果的愿望，把这篇论文寄给了查尔斯·莱尔。1858年6月18日，达尔文给查尔斯·莱尔写了一封信，在这封信里，他把事情的经过原原本本地讲了出来，表示自己也建议华莱士尽快发表论文。达尔文在真理面前表现出高贵的科学精神，没有因为一己之私阻碍科学进程，但这也宣告他基本放弃优先发表进化论的宝贵机会。

不过，达尔文为了进化论已经付出了几十年的心血，如果就这样放弃自己的努力也是一种不尊重。达尔文内心挣扎之余，在接下来的一段时间里给亲近的科学家朋友们写了好几封信，详细解释说，华莱士提出的那些观点他都已经想到了，并且比华莱士的论证更加翔实充分。严谨的达尔文还提供了丰富的研究资料，以此证明他绝对没有抄袭华莱士的研究成果。

达尔文众多举足轻重的科学家朋友接到他的信以后意识

到，进化论将彻底改变科学界关于物种起源问题的认识，这将是轰动整个科学界的大事件。既然如此，究竟由谁最先提出进化论，这份至高无上的荣誉到底归谁呢？为了更好地解决这个问题，达尔文的朋友们聚在一起仔细讨论了一番。最终，他们认为，达尔文和华莱士都为进化论做出了重要的贡献，两人的论文理应同时发表；至于谁的贡献更大，应该由时间和历史给出最后的答案。

1858 年 7 月 1 日晚上，林奈学会召开会议，同时宣读了达尔文和华莱士的论文，进化论就这样戏剧性地出现在了世

人面前：此时，达尔文还沉浸在痛失爱子的悲伤之中，华莱士在外进行科学考察，根本不在英国。也就是说，在学会宣读这两篇科学史上的重磅论文时，两位主角都不在场。

不过，这似乎没什么影响，虽然之前已经有很多科学家为进化论做出了努力，但当时进化思想并非主流观点。当这两篇论文被宣读的时候，在场的科学家根本没有准备去好好理解这个理论。

就这样，在一片沉默之中，进化论的时代来临了。

达尔文耗费了几十年时间对进化论进行了深入研究，而华莱士这位年轻的学者居然能够后来者居上，用更短的时间得出了和达尔文大致相同的结论，不得不说，他是一位了不起的生物学家。尽管此时的科学界没有留给华莱士闪耀的舞台，但他的故事同样值得被世人铭记。

阿尔弗雷德·拉塞尔·华莱士兄弟姐妹众多，让他本不富裕的原生家庭雪上加霜。为了减轻家里的负担，华莱士14岁时就被送到伦敦学手艺谋生计，可以说，他的青年时代都在为生计奔波，没有享受到达尔文那样锦衣玉食的生活。一开始他是一名土地测量员，没几天就改行去给钟表匠当学徒。华莱士在钟表店也没坚持多久，在他刚学会把钟表拆开还不知道怎么将零件装回去的时候，这家小作坊就不幸倒闭了。走投无路的华莱士只能重操旧业，继续去当土地测量员。测量土地是一项非常无聊的工作，为了缓解倦怠情绪，华莱士利用闲暇时间收集各种植物。他完全没有成为植物学家的打算，更没想过给生物学界制定新规则，对植物的热爱仅仅是一种兴趣而已。没过多长时间，华莱士的哥哥介绍给他另外一个赚钱的机会，他们接手了一个修铁路的工程。谁也想不到，修铁路的工作让华莱士和生物学离得越来越近。

修铁路时，华莱士结识了一位新朋友。这位朋友喜欢捉甲虫，因为甲虫在当时是值钱的小东西，可以卖给标本商人。朋友还告诉他，巴西的甲虫个头足足有拳头那么大，非常值钱。从这个时候起，华莱士就梦想着去巴西发大财。修完铁路之后，华莱士和朋友攒够了钱，一起奔向巴西，准备对那里的甲虫下手。去巴西之前，他们做了充分的准备，行李里装满了大大小小的罐子、网兜、镊子和大头针。到了巴西之后，除了捉到上千只甲虫和蝴蝶，他们还捕捉了不计其数的鹦鹉，连小鳄鱼都没放过。4年后，华莱士带着这些财富准备返回英国，不幸的是，他坐的船在航行期间起火了，所有的收藏品都化为灰烬，他几乎失去了一切。

　　好在有些财富是丢不掉的，那就是他在巴西的经历。回到伦敦之后，华莱士将自己的见闻写成了两本书，依靠微薄的稿酬至少能够度日了。在接下来的日子里，有人雇佣他去进行科学考察并收集各式各样的标本。就这样，华莱士来到了马来群岛，一路走过新几内亚，足足花费8年时间，走遍了途中大大小小的岛屿。

　　在这段时间里，华莱士收集了许多动物标本，包括蝴蝶、甲虫、鸟、蛇、蜥蜴……收集这些标本不但给他带来了丰厚的收入，还为他提供了观察生物形态和生存方式的好机会。从研究的内容看，华莱士越来越像一位生物学家了。在马来群岛生活的日子里，华莱士的一些发现改变了欧洲人对生物的传统看法。他最感兴趣的动物是极乐鸟，这种鸟长着漂亮的羽毛，因此成为博物学家最喜欢做成标本的动物之一。不过当时欧洲的博物学家有个奇怪的看法，他们认为极乐鸟是没有脚的，连林奈给生物命名的时候，都将这种动物称作"无足极乐鸟"。但是，华莱士发现他抓住的几十只极乐鸟都有脚，只有当地原住民杀死的那些极乐鸟才是没有脚的。原因其实很简单，当地原住民抓住极乐鸟后会把它们的脚都割掉，然后卖给欧洲人。虽然不知道他们为什么这么做，但这种做法确实让欧洲的博物学家误以为在马来群岛的

深林里生活着一群没有脚的极乐鸟。

　　漫长的探险过程中，华莱士不停地思考各种生物学相关的问题。为什么世界上的生物千姿百态？为什么不同物种之间存在相似性？人们应该怎么区分相同物种？这些问题一直困扰着他。忽然有一天，华莱士得到了一个简单的结论：物种是可以变化的！回想起这几年观察到的大量动物，他意识到这个结论的正确性，因为许多动物的特点都符合这个结论。

　　华莱士的学识不像达尔文那样渊博，也缺少系统的科学教育，所有结论都是从经验里获得的。尽管如此，他的发现的确离真相越来越近。他想到有些物种很容易区分，而有些物种由于过于相似，很难区分。莫非这就是新物种形成的过程吗？有些物种之所以如此相似，就是因为它们还没有完全分离，人们观察到的正是新物种形成的过程。事实上，华莱士的这个看法是正确的，因为进化每时每刻都在进行，我们能看到的每一个物种皆处在向新物种演化的过程中。但还有一个问题没有解决：到底是什么力量推动了生物的进化呢？

华莱士灵光一现，想起自己曾经看过一本书——马尔萨斯的《人口理论》。我们对这本书并不陌生，这本书启发达尔文提出了进化论，现在，这本书再次启发了华莱士。华莱士坚信是竞争导致生物的某种选择，所有的物种、所有的生物个体每时每刻都在参与"竞争"。生命的历史就是一场永不停息的比赛，只有获胜的个体能够存活下来，失败者被永远抹去了存在的痕迹。

我们不需要赘述华莱士的思想，因为他的想法和达尔文的观点高度一致。这两位科学家在没有任何沟通联系的情况下，共同受到马尔萨斯的影响，提出了几乎相同的理论——进化论。

在准备发表进化论的过程中，华莱士以谦逊的态度写了两封信，分别寄给罗伯特·布朗和查尔斯·达尔文。他详细阐述了自己的观点，这才有了1858年7月1日他和达尔文的论文同时被林奈学会宣读的故事。

我们已经知道，达尔文以非凡的气度支持华莱士率先发表自己的理论；而华莱士同样是个心胸开阔的人，听说达尔文已经在进化论方面研究了很多年，并且有了完善的理论，当即表示提出进化论的优先权应该归达尔文所有。在之后的岁月里，他是达尔文坚定的支持者。

在科学史上，很多科学家为了争夺优先权打得头破血流，甚至反目成仇，而达尔文和华莱士展示出了自己的高风亮节，充分尊重了对方的成果。尽管在今天提起进化论我们首先想起的是达尔文，但请不要忘记，在那个时代里，还有一位名叫华莱士的科学家和达尔文同时提出了进化论，打开了人们认识物种变化的大门。

第十二章　19 世纪

大论战

托马斯·亨利·赫胥黎（Thomas Henry Huxley，1825—1895）

一个新的科学观点被世人认可并不容易，进化论就是个典型的例子。达尔文提出进化论之后，很多科学家、神学家发表了反对意见。不过，支持达尔文的人也不少，其中最著名的是赫胥黎。1860年6月，双方发生了一场激烈的辩论，史称"牛津论战"。在这场论战中，赫胥黎凭借优秀的口才取得了最后的胜利。从此，科学史迎来了进化论的春天。

查尔斯·达尔文的著作：
轰动科学界的《物种起源》

尽管进化论的首次登场并非一鸣惊人，但科学界开始逐渐认识这个崭新的理论。

在各地的学术会议上，已经有一些具有影响力的科学家对达尔文和华莱士的观点进行阐释和分析。有了这些科学家的传播，达尔文的名气越来越大，人们慢慢知道达尔文正在创作关于进化论的著作，他们十分期待这本即将出版的书。

不过，达尔文的写作并不顺利，爱子的病逝、华莱士论文的突然出现，更糟糕的是他的健康状况越来越差，这些因素让达尔文不能专心写作，达尔文的妻子决定让他换一个更舒适的环境。1859年7月，达尔文全家搬到了一个海滨疗养胜地，达尔文终于可以保持高效创作。不过他对自己的要求过于严苛，哪怕是之前已经写过的稿件，只要回头看觉得有不满意的地方都要推倒重来。

1859年10月1日，达尔文写完了《物种起源》的最后一个字，这部书前前后后花了13个月零10天的时间才最终完成。1859年11月24日，划时代的巨著《物种起源》终于面世了！

今天我们买书非常方便，价格也比较容易接受。但是，在达尔文生活的19世纪，书籍很昂贵，并不是寻常人家的必需品。谁都没有料到，《物种起源》的发售居然引起了如此大的轰动，那一天，伦敦的各个书店门庭若市，柜台上挤满了来买书的人。无论是青涩的大学生，戴着礼帽的绅士，还是德高望重的牧师，都觉得自己与《物种起源》密切相关，纷纷想要在第一时间读到达尔文的著作。如果按照今天的标准，《物种起源》的第1版第1次印刷数量并不多，只有1250本。但是，在19世纪这个印刷量已经远远超出了一般水平，这么多的书在出售的第一天就被一扫而空了。

其实，达尔文不仅是生物学家，他的研究和著作涉及了地质学、人类学等多个领域，但毫无疑问，让他名留青史的是这部《物种起源》。在科学史上，这部伟大的著作是一座里程碑；甚至可以说，在整个人类历史上，它都留下了浓墨重彩的一笔。

不过，我们还要知道，尽管这本书在"畅销"程度上是相当可观的，但并不是所有买书的人都是达尔文的支持者。那些反对达尔文观点的人同样需要买一本书好好读一读，这

样才能去批评他。不管怎么说，《物种起源》的出版在整个英国掀起了一股巨大的浪潮。

恩格斯曾指出，19世纪的自然科学界有三项最重要的发现，它们分别是：进化论、细胞学说和能量守恒与转换定律。另外两大发现被提出的时候，从科学界到整个社会很容易就接受了，唯独进化论没有这样的好运气。毕竟基督教在西方世界的影响力巨大，虔诚的基督徒完全接受不了达尔文对《圣经》的否定。

于是，关于进化论是否正确这个问题的讨论立刻超出了科学理论的范畴，转变成科学与宗教的对峙。科学家们预感到山雨欲来，围绕着进化论即将进行一场规模宏大的论战，而在"大战"爆发之前，一些零星的枪声已经响起。

在反对达尔文的一方中，第一个站出来的人是塞治威克教授。这位教授之所以如此义愤填膺，是因为他是达尔文的老师。达尔文的第一次地质考察就是塞治威克带领他进行的。塞治威克教授是个虔诚的基督徒，他惊奇地发现提出进化论的是自己的学生，完全无法接受。在《物种起源》出版一个多月之后，塞治威克教授亲手给达尔文写了一封信，他在信里说："我认为你的书大部分是完全错误的，使我感到了巨大的痛苦。《物种起源》的出版简直是个恶作剧，令人难以忍受。"除了给达尔文本人写信，塞治威克教授还在杂志上发表了不少文章，表示自己永远不会停止对达尔文的批评。他仅仅开了个头，随后越来越多的基督徒纷纷出击，他们甚至专门出版了一本杂志，集中火力反对进化论。在这些反对达尔文的人当中，大主教威尔伯福斯是当之无愧的领袖。他强调，在所有著作中，《物种起源》是最不合逻辑的。为了彻底打倒达尔文，威尔伯福斯还带着信徒在全英国巡回演讲。

当然，达尔文也有坚定的支持者。有一天，《泰晤士报》刊登了一篇没有署名的文章，这篇文章条理非常清晰，一开始，作者就指出，达尔文的进化论不是一种空想，有强有力的科学理论依据；之后，逐一批驳了对达尔文的各种反对意见。这个没有署名的人到底是谁呢？达尔文也非常好奇。于是，他写了一封信给好朋友赫胥黎。达尔文在信里说，这位作者不但很有文学修养，还细致地读过《物种起源》，看来他也是一位博物学家。达尔文还说，这篇文章里洋溢着令人愉悦的才智，有些句子让他忍不住拍案叫绝。虽然不那么确定，达尔文仍在信中大胆猜测："在英国，只有一个人能写出这样的文章，那就是你。"事实上，达尔文猜对了，《泰晤士报》上的那篇文章就是赫胥黎写的。这位赫胥黎先生究竟是怎样的一位科学家呢？

赫胥黎的支持：科学史上最著名的论战

托马斯·亨利·赫胥黎出生在英国伦敦，和达尔文一样，赫胥黎是19世纪英国不容忽视的科学家。从17岁开始，他接受了正规的医学教育。毕业之后，赫胥黎参加了海军，成为军舰上的随船医生。他跟随着军舰到达了南半球，在那里研究了海洋里的无脊椎动物，取得了不俗的成绩。之后，他成为英国皇家学会会员，担任了大学教授。

赫胥黎听说达尔文的《物种起源》出版后，很快就阅读并接受了达尔文的进化论思想。更重要的是，达尔文描述了所有生物的起源，赫胥黎却是提出人类起源问题的第一人。关于这个问题，赫胥黎专门写了一本著作，叫作《人类在自然界中的位置》，在这本书里，赫胥黎告诉世人：人类和猿类有着共同的起源。

赫胥黎不但接受了进化论，还付诸行动，努力传播这个当时处在风口浪尖的先进理论。正因为他推崇进化论的态度非常坚决，以至于被他人起了一个外号："达尔文的斗犬。"

在科学界讨论进化论正确性的过程中，赫胥黎是达尔文阵营里重要的支持者之一。在接下来的论战里，赫胥黎充分发挥聪明才智并展现了他出众的口才，让进化论真正在科学界站稳了脚跟。

围绕进化论最激烈的论战发生在 1860 年 6 月，史称"牛津论战"。其实，这本来是一次单纯的学术会议，一些科学家确实是在反对达尔文，他们也秉承科学的理念，根据自己的研究列举出一些证据来论证进化论的错误。但是，还有一些反对达尔文的人企图利用这次会议把进化论思想彻底消灭。达尔文并没有料到会有人在这次学术会议上公开反对他，而且由于健康状况不好，他根本没有亲临会议。幸运的是，赫胥黎在场。

会议上，第一个登场的是一位牛津大学的植物学教授。他宣读了自己的论文，提出植物的所有特征都是上帝决定的。这篇文章没有什么新意，却得了个满堂彩，很多在场的听众都为他叫好。坐在前排的赫胥黎感到莫名其妙，这时他才意识到，原来进化论的反对者们有备而来，一场"大战"一触即发。这时，大会主席特意点了赫胥黎的名字，希望他能够上台对这位植物学教授的观点发表一下意见。但是，赫胥黎低调地表示他已经向大会提交了论文，当大家讨论这篇论文时，他才会发表意见。

接下来登场的是著名的解剖学家欧文先生。欧文先生通过自己研究多年的比较解剖学发现，大猩猩的大脑和猕猴的更像，而人类的大脑和大猩猩的没那么像。根据这个证据，他认为大猩猩和猕猴的血缘关系更近，人类并不是从大猩猩演变而来的。

听到这样的言论，赫胥黎终于忍不住了。他冲上了讲台，毫不留情地指出欧文先生的错误。当时，赫胥黎正在研究人类起源问题，因而他对人类、大猩猩和猕猴的大脑做过深入的比较研究。赫胥黎指出，根据自己的研究，大猩猩大脑和人类大脑的相似程度远远超过了大猩猩大脑和猕猴大脑的相似程度。赫胥黎的突然出现让欧文措手不及，事实上，他并没有对这个问题进行过研究，也没想到真的有人研究了这个问题。就这样，凭借着翔实的科学依据，赫胥黎取得了第一个回合的胜利。

第二天，论战还在继续。这天担任大会主席的是达尔文的老熟人亨斯洛教授。还记得吧，当年正是这位教授推荐他参加小猎犬号环球航行的。不过，此时亨斯洛教授的内心非常矛盾。一方面，他认可达尔文的才能，特别是阅读《物种起源》这本书之后，他看到达尔文列举了很多非常可靠的证据，而且其中的很多证据是达尔文在出版这本书之前就告诉过他的。更何况，他是达尔文的老师和朋友，别人肆无忌惮地攻击达尔文让他感到非常不满；另一方面，亨斯洛教授也是基督徒，对神创论深信不疑，他着实很难接受达尔文的理论。总的来说，亨斯洛教授对进化论将信将疑、态度摇摆，正是因为这种立场，他在这场论战中相对公正，是最适合担任大会主席的人选。

在这天的辩论中，有一个身份特殊的人公开反对达尔文，他就是小猎犬号的船长菲茨罗伊。当年，他请亨斯洛教授帮忙推荐一位合适的博物学家，多年之后，他们却在这样的场合重逢。脾气暴躁的菲茨罗伊船长大声说道："我和达尔文共事5年，那时，我认为他是一个勤奋的博物学家。不过，在那个时候，他还没有这些离经叛道的想法。但现在达尔文背叛了自己、背叛了朋友，甚至挑战、诋毁了上帝。我要谴责《物种起源》这本书，谴责达尔文先生，谴责他写出了这样一本邪恶的书。"从菲茨罗伊船长的语气中，人们可以感受到他愤怒、激动的情绪，不过，仔细品味一下，其中还有一丝自责。别忘了，是他把达尔文这个"诋毁上帝"的人带上了船，是他亲手把达尔文推向了进化论的研究之路。

不过，菲茨罗伊船长仅仅宣泄了自己愤怒的情绪，他并不是生物学家，也没有任何拿得出手的证据来反驳达尔文。他发言之后，一位同样不懂生物学但声望更大的重量级人物登场了，他就是威尔伯福斯主教。

这位主教非常善于演说，一直名声在外。可是，他缺少科学素养，在列举了一些所谓的"事实"以后，他发出了一连串乏力的质问。他说，每一头野兽、每一只爬虫、每一条鱼、每一朵美丽的花都是同一个原生细胞变化而来的，难道说生活中这么多动物和植物都是从一个细胞变来的吗？我们当然不能相信这样的话！最后威尔伯福斯主教还讲了一个笑话，他说从达尔文的书里只能得出两个可能性，要么人没有灵魂，要么植物和动物都有灵魂。如果是这样的话，你们今天晚上回家千万别吃牛肉了，因为牛是有灵魂的。这个笑话同样得了个满堂彩，支持威尔伯福斯主教的人都被逗笑了。他走下台的时候，从赫胥黎身边经过，提出了那个非常著名的问题："赫胥黎先生，您一心一意追随达尔文，对人类源自无尾猿的歪理坚信不疑。那么，我想问您，您是从祖父还是祖母那里得到了无尾猿的血统呢？"听到这样侮辱性的问题，赫胥黎不慌不忙地走上讲台。他指出，威尔伯福斯主教的发言是非常外行的，这样一个不了解科学的人，根本就没有资格参加学术会议。

接下来，赫胥黎继续阐述自己对于进化论的看法。他侃侃而谈，慢条斯理地说道，威尔伯福斯主教根本不知道达尔文花了整整22年时间不停地搜集数据、查阅文件，有不计其数的实例支撑，才得到这个可靠的结论。达尔文光是记笔记就用了几十个笔记本，可以说，进化论是建立在事实基础上的，其中的每个细节都经得起推敲。《物种起源》宣扬的是事实、科学和文明。之后，他开始回答那个带有侮辱性的问题。一个人没有任何理由为他的祖先是无尾猿感到羞耻，反倒是那些无视事实、信口雌黄，完全靠狡辩来掩饰无知的人才应该感到羞耻。这些人对自己的本职工作不够关心，反而对其他领域指手画脚，显然缺乏自知之明。赫胥黎的语气非常平静，既回答了威尔伯福斯主教的问题，还做到了反唇相讥。他讲完之后，在场的观众立刻意识到赫胥黎在这个回合里也取得了胜利，于是，全场再次响起了掌声。

整个"牛津论战"，赫胥黎以出色的口才和对科学理论的充分理解捍卫了进化论，这场唇枪舌剑的精彩论战被永久地载入了科学史。但我们也要客观地看待这次论战的结果，对进化论的支持者而言，赫胥黎是毫无疑问的胜利者；站在进化论反对者的角度，这场论战充其量是双方打了个平手，而这只是打倒进化论的第一战。

当然，在今天看来，赫胥黎的立场是正确的，但也不得不承认，这场论战并非进化论的最终胜利，它只是这个世界迎接进化论的华丽开场。在之后的100多年里，人们依然要不停地对这个问题进行讨论。幸运的是，随后出现了很多新的科学理论，它们为进化论提供了强有力的支持和补充。比如达尔文的表弟、统计学创始人高尔顿利用统计学方法论证了进化论；20世纪，随着分子生物学的进步，人们对于遗传学的认识越来越深入，当遗传学进入分子水平时，科学家发现了遗传的机制，进化的秘密进一步被揭晓。

只不过，那是另外一个波澜壮阔的故事了。

后面的话：
进化论和中国

在"牛津论战"之后的100多年，关于进化论的思考和争论从未停止。

也许很多人不知道，进化论也曾对中国的历史产生了深远影响。100多年前，中国的命运与进化论紧紧地连在了一起。

进化论问世之后，一个新的问题出现了：进化论是研究生物学的理论，它告诉人们生物之间存在竞争，并揭示了竞争的缘由和目的，人类社会中也存在竞争关系，那么，能不能用进化论解释呢？

达尔文的拥护者赫胥黎最早阐释了这个问题。1893年5月18日，赫胥黎在一次著名的讲座上明确地告诉听众，人类社会的进化过程和生物的进化过程是完全不同的。

在人类社会中，伦理起到了非常重要的调节作用，自然界中并没有这样的力量。因此，不能把人类社会和自然界画等号，进化论只适合研究自然界，不适合研究人类社会。

在讲座开始之前，赫胥黎把自己的观点写成了一个小册子，分发给现场的听众，这本小册子叫作《进化论与伦理学》。也许你没听说过小册子的原名，但你一定知道它被翻译成中文后的名字。严复先生选取《进化论与伦理学》中的一部分译成了中文，这就是著名的《天演论》，其中的八个字给每个中国人留下了深刻的印象："物竞天择，适者生存。"

问题是，赫胥黎一直强调不能把进化论用在人类社会当中，可见，严复在翻译的过程中曲解了他的观点。严复的译文和原文有很大的不同，并且在每一章添加了"案语"，这些"案语"是他对进化论的理解，表达的是他个人的观点。

在《天演论》中，严复认为"物竞天择，适者生存"是普遍真理，不但可以用在自然界，也可以用在人类社会。不过，严复之所以对进化论进行了错误解释，是因为他要为当时的中国指出一条光明的道路。

严复生活的时代，中国正处在被西方列强欺凌的悲惨境遇。严复认为，既然是"物竞天择"，那么，更强大的动物才能生存下来。我们已经知道，这样的想法是对进化论的误解，但对于严复这位充满爱国精神的学者来说，这样的曲解能激发国人救亡图存的信心，只有这种解读才最适合当时的中国。

毫无疑问，严复成功了，《天演论》出版之后，在当时的社会引起了巨大轰动。无数中国学者在这本书里看到了国家的未来和希望，他们通过《天演论》意识到，中国想要生存下去，就一定要通过革新变强！

鲁迅先生读完《天演论》之后兴奋不已，他说自己的世界观就是赫胥黎奠定的。除了鲁迅，很多我们熟知的前辈都深深受到了《天演论》的影响，你在中学历史教材中会反复看到他们的名字，如康有为、梁启超、黄遵宪、孙中山……《天演论》或多或少改变了他们的思想。

胡适先生字适之，没错，"适"字源自"适者生存"。这样的名字在那个时代并不是个例，胡适曾在书中写道，他

有两位同学分别叫作孙竞存和杨天择，他们的名字同样来自
《天演论》。

当我们越来越深入地了解进化论的"进化"故事，就会
发现，它的影响，它背后默默付出的科学家的伟大事迹，都
远远超乎我们的想象。